「健康食品」のことがよくわかる本

畝山智香子
Chikako Uneyama

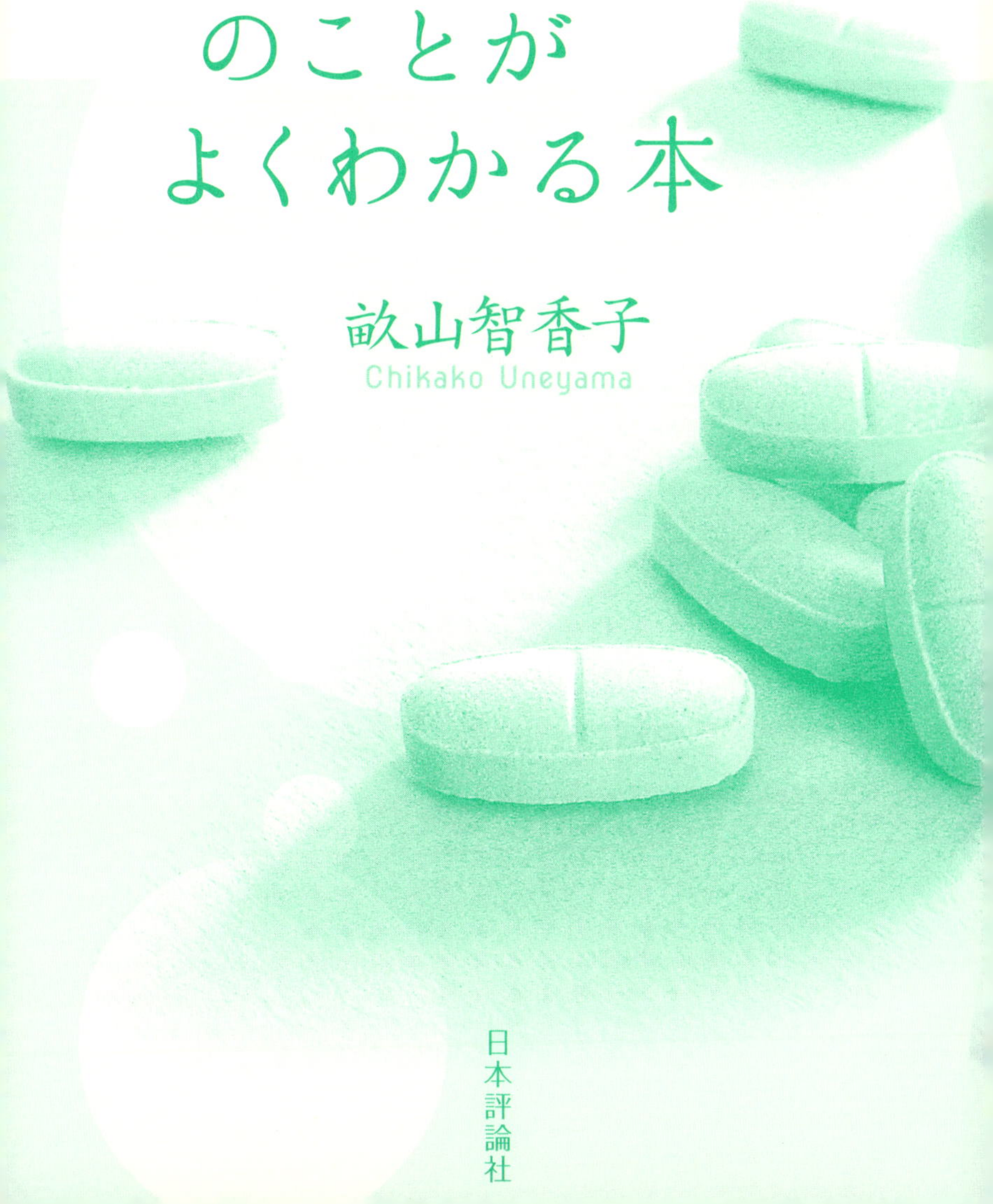

日本評論社

まえがき

「高齢の母が精力がつくという男性用サプリメントを毎日飲んでいるのですが大丈夫でしょうか」「発酵ニンニクがいいと聞いて作って食べているのだけれど真っ黒なんです、何が黒いんでしょう?」「知り合いから病気に効くという苦いジュースを買っているんだが何万もするのにあまり効いてないような気がする、止めたい」「裏山の笹を発酵させたものを健康にいいからと宣伝して売りたいという生産者がいるのだが何と回答したらいいか」「市販の健康食品を民間検査機関に頼んで検査してみたら抗生物質が検出されたのですがこの結果はどう解釈すればいいのでしょうか」……

これらは私がこれまで経験したいわゆる健康食品に関係する質問の一部です。生産者から消費者まで、比較的簡単に答えられるものから難しいものまで、いろいろな疑問や相談が寄せられています。私の所属する国立医薬品食品衛生研究所は残念ながら一般の人への知名度はそれほど高くなく、質問に答えるのが主な仕事ではないのですが、それでもいろいろな悩みや疑問に出会います。消費生活センターで相談窓口業務をしている方からは、いわゆる健康食品に関係する相談はとても多いと聞いています。

ほとんどの人が、自分では使わなくても家族や友人などの身近な人がいわゆる健康食品を使っているのを見聞きしたことがあると思います。でもその使い方は本当にそれでいいのだろうか？　商品によっては似たようなものでも値段がまったく違うけれど、それはどういうことなんだろうか？　といったような疑問を抱いたことがあると思います。いろいろな情報が溢れているように見えるのに、ちょっと考えると肝腎なところがよくわからない、のではないでしょうか。

この本ではいわゆる健康食品を、安全性と有効性を立証するための科学的根拠や、海外の制度の紹介などから描き出すことを目指してみました。「何にでも効く素晴らしい健康食品」に手を出す前に、参考にしてもらえればと思います。

二〇一五年十一月

畝山智香子

「健康食品」のことがよくわかる本

contents

第1章　医薬品はどう安全なの？

第2章　食品が安全とは？

第3章

食品と医薬品の間に何があるの？

第4章

食品の機能表示とはどういうもの？

終章

食品の機能とはそもそも何？

第1章

医薬品はどう安全なの？

食品の機能性、つまり病気になることを予防したり健康を増進したりするような作用のことですが、それについて考える前に、医薬品の有効性と安全性はどうやって評価され承認されているのかを簡単に見ていきましょう。遠い昔から人類はいろいろな病気に悩まされてきていて、試行錯誤でいろいろな「治療法」を編み出してきました。しかし効果的な治療法の一種として多くの人が効果のある薬を利用できるようになったのはごく最近、せいぜいここ百年以内のことです。近年は有効性の評価や安全性確保のための手続きを国際的に統一しつつあり、グローバルスタンダードといえるものが確立されています。

病気の治療や予防のために使われる医薬品がどういうふうに評価され、その安全性を確保するためにどのようなしくみがあるのか、ということが食品の機能性評価にも必要な基礎知識になります。

通常、医薬品は公的機関による認可を経て使えるようになります。ここでは典型的な医薬品として、薬効のある化学物質を例にして、世界的に標準的な認可申請に必要な情報を眺めてみましょう。

性質を調べる

まずその物質は何か、ということを説明しなければなりません。有効成分である化合物の化学構造とその性質、つまり室温で液体なのか固体なのか、水に溶けやすいのか色がついているのか、光や温度などの条件で壊れやすいのか安定なのかといったことがわかっている必要があります。そしてその物質の性質をいろいろ調べるためには分析方法が確立されていなければなりません。

医薬品の場合は普通錠剤やカプセル剤として使われますので、製品として一錠当たり何ミリグラムの有効成分を含む、といった「仕様」があります。

薬として使われる化合物は微量で効果があるものが多いので、医薬品成分以外にデンプンなどのかさ増しのための材料が使われたり、飲みやすくするための糖衣がつけられたりします。それらについても不純物は一定以下であること、安全性が確認されているものであること、などが必要です。そして医薬品の有効期限以内では保管中に分解して減ってしまったりすることがないことを確認しなければなりません。

医薬品として申請する場合には最終的な製品の形で、つまり薬としてパックされた状態で普通の保管条件で12か月や24か月、36か月間といった期間保管して有効成分がどれだけ残存しているかを調べます。これを根拠に薬の有効期限が設定されるわけです。

さらに加速試験といって通常の室温より高温（40℃）で湿度の高い（75％）条件で6か月置くという試験も行われます。薬によっては光で分解したり高温に弱かったりしますので、これらの試験をもとに保管時の注意が説明書に書かれることになります。

こういう試験は正確な分析法があって初めてできるのです。あまり分析をしたことのない人には馴染みがないかもしれませんが、分析法と一口にいっても何を「測定」しているのかは実際には多様です。化学構造の一部が変化したときにそれをきちんと検出できて区別できる分析法が必要になります。現実にはいろいろな方法を組み合わせて「測定」することが多く、分析だけでも相当多くの機器や人が必要なのです。

医薬品の安全性

つぎに有効成分である化合物の毒性試験のデータが必要になります。

多くの場合動物を使って試験をしますが、投与してすぐみられる影響（急性毒性）を調べる単回投与毒性試験、ある程度の期間継続して投与して影響を調べる反復投与毒性試験などを行います。反復投与毒性試験には4週間程度の亜慢性毒性試験や2年間にわたる慢性毒性・がん原性試験などがあります。

単回経口投与毒性試験では動物の半数致死量（LD_{50}）を導出します。マウス、ラットなどを主に使い、必要な動物の数は通常一つの値（マウスの雄、マウスの雌なら値は二つ）をだすのに数匹です。LD_{50}は、知名度は高いものの安全性評価にとってはあまり役に立つ指標ではありません。死ぬような量を実際に使うことはまずないためで、ただ法律で毒物や劇物などを指定するときにLD_{50}を使うことがあります。医薬品は毒物及び劇物取締法の対象ではないので、参考値でしかありません。

反復経口投与毒性試験では、動物に13週間、52週間（1年）、餌に混ぜたりして毎日食べさせて実験終了時に血液を採取し解剖して組織の病変を調べます。この試験で医薬品による有害影響が観察されない無毒性量を導出します。この実験で必要になるのは最低でも何も与えない対照群、低用量群、中用量群、高用量群で、対照群と低用量群で何の影響も見られず、中用量群と高用量群で用量に依存した有害影響が見られてかつ高用量群の毒性が強すぎて動物が途中で死んでしまうことがない、というのが望ましい結果です。その場合、低用量群で投与した用量を無毒性量とできるのです。このような試験をマウス、ラットのような齧歯類《げっしるい》と、それ以外の動物（ミニブタやアカゲザルなど）で複数実施してそれぞれ無毒性量を決めます。

生殖発生毒性試験には、親となるべき動物に与えてその妊娠率への影響を調べる受胎能および一般生殖毒性試験や、妊娠中の動物に薬物を与えて胎仔《たいし》の発育への影響を調べる試験があります。実験動物ごとに子どもの分化や発育にとって重要な時期がわかっているので、器官形成期投与や周産期および授乳期投与といった実験を行って催奇形性（奇形を生じさせる性質）があるかどうか、胎仔の数や発育の様子などを調べます。齧歯類とそれ以外、の複数の動物種で調べ、無毒性量を決めます。もし催奇形性や子どもの発育に悪影響がある可能性があると、その医薬品は妊娠または妊娠する可能性のある女性に対しては使えない、という注意書きが加えられることになります。

遺伝毒性試験には細菌を用いた「復帰突然変異試験」やほ乳類の培養細胞を用いた遺伝子突然変異試験、染色体異常試験（これらは *in vitro* 試験と呼ばれます）や動物に投与してその細胞の核の異常を調べるマウス骨髄細胞小核試験などが行われます。遺伝毒性試験は複数の試験で行い、総合的に遺伝毒性が陽性か陰性かを判断します。細菌を用いた突然変異試験で陽性になってもほ乳類細胞では陰性、などというようにいろいろな結果が出ることがあります。

がん原性試験ではラットやマウスでの発がん性を調べます。生涯（ラットだと2年間）にわたって薬物を食べさせて全身を調べます。がん原性試験の場合は、何も投与していない、いわゆるコントロール群でも自然発生の腫瘍が観察されますので、まったく影響がない量を決めるのではなく（投与したことによる）上乗せの発症率をもとに発がん性があるかないかを決めるのが主な目的です。

これらの試験は長期にわたり、安全性の評価にとって重要なデータとなりますので、実験条件がきちんと守られているかどうか、誰が担当しても同じ結果になると考えられるだけの質が保てるか、データの改ざんなどの余地がないかということを確保するためにＧＬＰ

（Good Laboratory Practice, 優良試験規範）という認証制度で質が担保されています。たとえば動物飼育室の温度や照明の管理、餌や体重を測定する場合の計測機器の校正の記録、といった細かいところまで指定され記録されます。ＧＬＰ認証施設で行われた試験のデータがなければ医薬品の申請には使えません。

一般的にＧＬＰに適合する施設を作るのも運営するのもお金がかかりますし、実験の自由はほとんどないので、大学などのいわゆるアカデミックな研究所ではＧＬＰ対応はしていません。大学での「研究」は決められた手順をきっちり守って再現性の高い結果を出すことよりも、世界中のどこでも報告されていないオリジナルな結果を出すことのほうに価値を見いだしていることが多いからです。思いつきで実験条件を変えてみる、ということができない仕組みは不自由でしょう。しかしそのことこそが試験データの信頼性を確保するのです。

薬理作用を調べる

医薬品ですから人体の機能に影響する作用、つまり薬理作用があります。これは医薬品ごとに標的となる作用が異なるので目的に応じた実験方法で試験をします。たとえば細胞の特定の受容体を刺激するのであればどの濃度でどのくらいの強さの作用があるのかについてのデータが提示されます。用量‐反応相関（8ページの図1）や有効な濃度範囲といった数値が

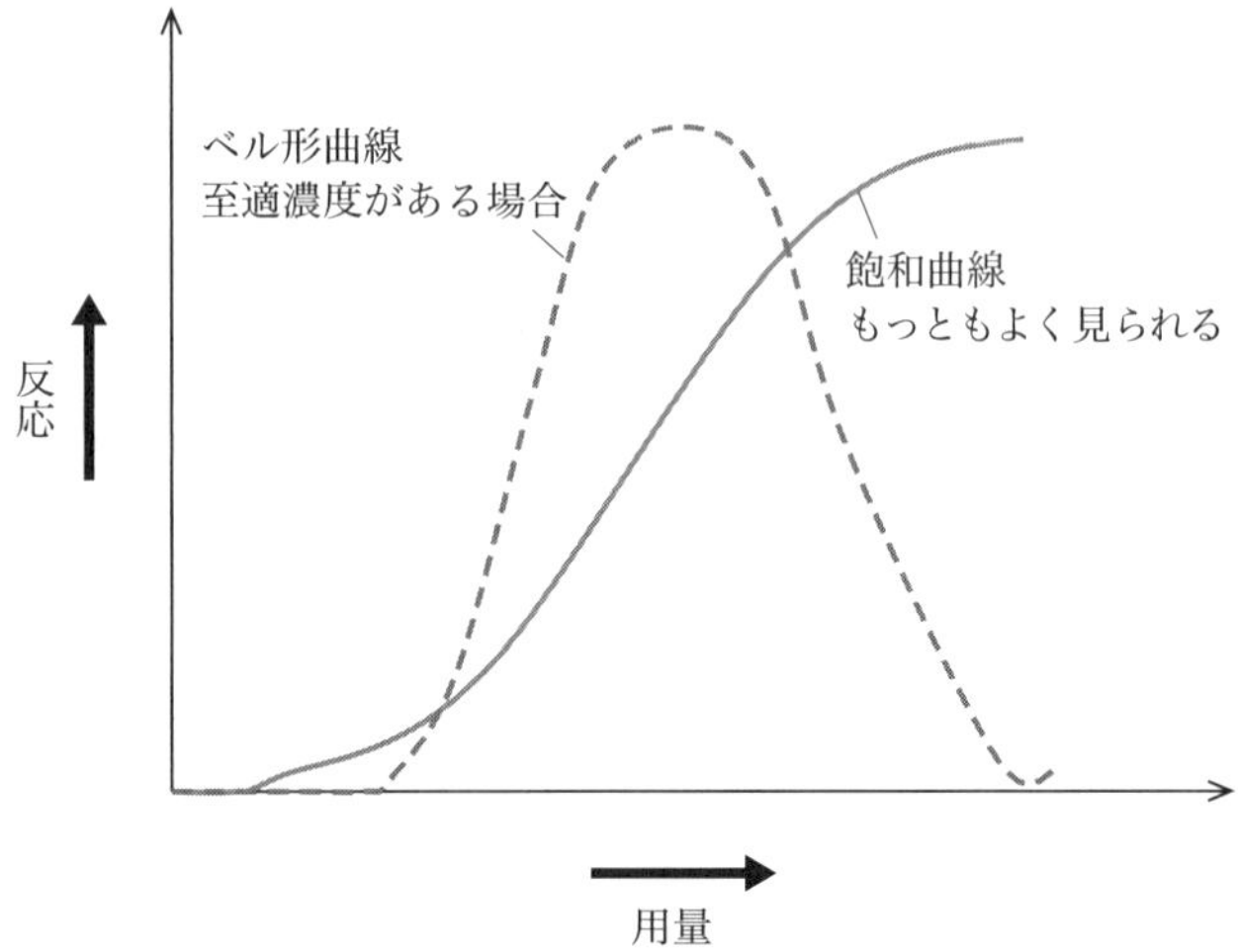

図 1　用量-反応曲線．ベル形曲線：ある濃度でのみ強い効果があり，それをすぎると弱くなってしまう．飽和曲線：一定濃度までは反応が大きくなるがそれ以上投与しても大きくならない

決定されます。

　細胞を使った試験から動物を使った試験まで、いろいろな角度から調べます。薬理作用については、薬は何かの病気を治療するのが目的ですから、その人間の病気の状態に近い状態の動物モデルを使うこともあります。正常な動物には影響がなくても病気の動物には効果があるという薬もあります。たとえば解熱剤は発熱していない正常体温の場合には体温をさらに下げたりはしませんが熱があれば下げます。このような薬の影響は正常な動物だけを使っていたのではわかりません。

　一般薬理試験では主目的としない作用についてもどの程度の作用があるのかを調べます。普通、医薬品は特定の

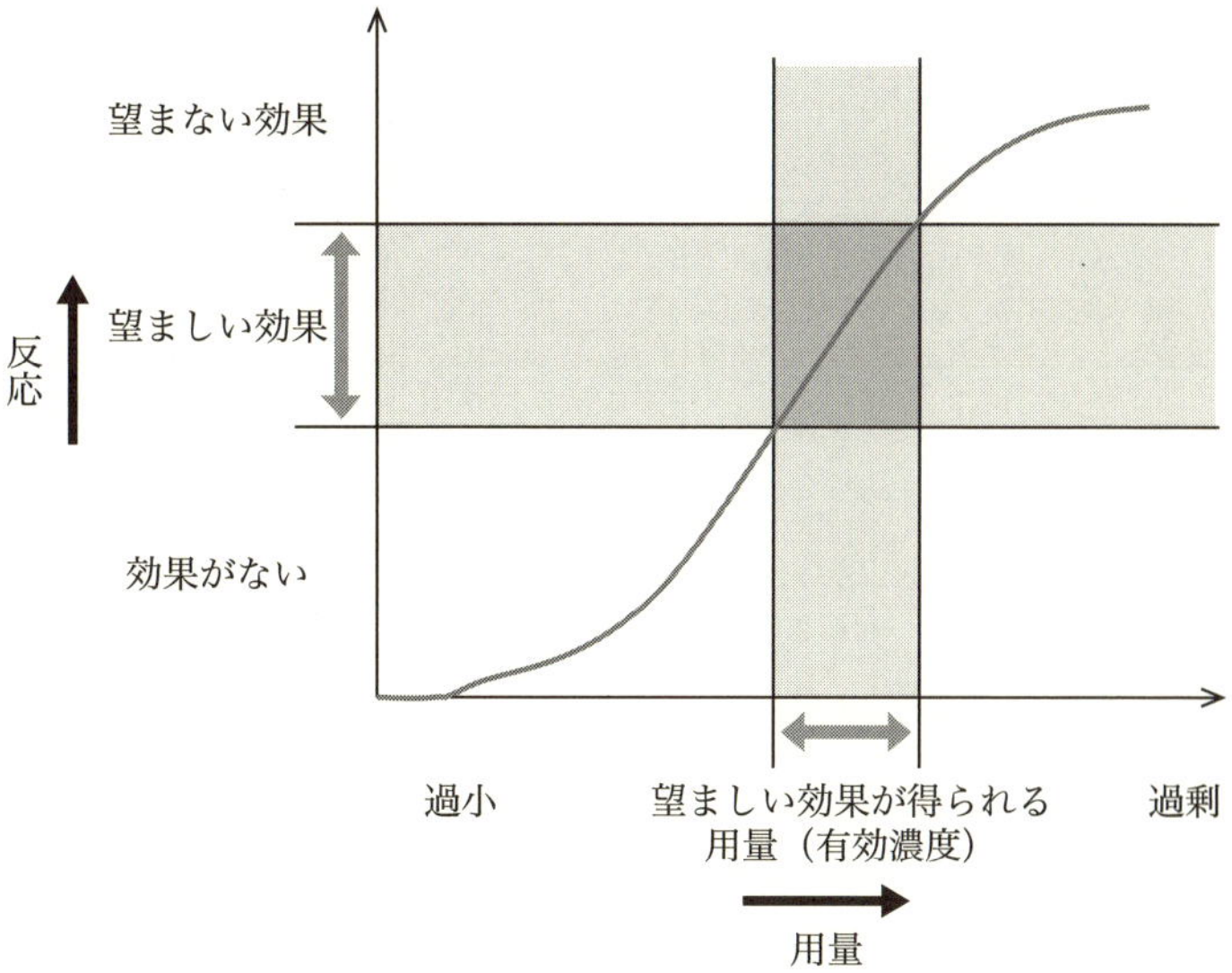

図2　用量-反応曲線から望ましい量を決める

受容体を刺激する作用がある場合でも他の受容体をまったく刺激しないわけではないので、高用量で目的としない作用が見られることがあります。主目的である作用が強すぎる場合も含めて、そのような作用は副作用になる場合があります。

目的となる作用を得るための濃度と、目的ではない作用（副作用や有害作用）が出る濃度との差が大きく、ある程度幅広い濃度範囲で効果がある医薬品は安全性が高く使いやすいといえます（図2）。目的とする薬効を得るためにはどのくらいの濃度が必要なのかを知ることは医薬品についてのもっとも重要な知識です。

吸収から排泄まで

吸収（Absorption）、分布（Distribution）、代謝（Metabolism）、排泄（Excretion）の頭文字をとってADMEと呼ばれます。薬物動態（ファルマコキネティクス）ともいわれます。投与した医薬品がヒトの身体の中でどういう動きをするのかを調べることです。医薬品を口から飲み込むと通常消化管を通って錠剤やカプセル剤はその途中で溶解し、腸管から吸収されて肝臓を経由して血流にのって全身に運ばれます。医薬品の最初の関門は消化管で、胃液で分解されてしまうと薬としては効果を発揮することはできません。

胃酸で分解されずに腸まで届いて吸収されるときにも、吸収のされやすさにはその分子の性質により違いがあります。無事吸収されても最大の関門である肝臓が待ちかまえています。肝臓は生体の化学工場とよばれ、外から入ってきたあらゆる異物を分解しようとします（解毒や代謝と呼ばれます）。また特定の有害物質が続けて入ってくるとそれにあわせて特定の分解酵素を多く準備することもあります。医薬品を口から摂取した場合の肝臓での最初の分解を初回通過効果といいます。ここで、投与した薬の量はだいたい一桁減ってしまいます。

肝臓を通り過ぎて血流にのってようやく目的の場所までたどり着く、つまり分布することになります。多くの場合、身体全体に行き渡りますが、薬物によっては特定の臓器に集まる傾向のあるものもあります。組織に行き渡った薬物は組織で分解されたり血流にのって再び肝臓に運ばれて分解されたりしてだんだん減っていきます。このときどの組織や場所でどのような化合物に変換されるか、変化した化合物はどうなるかといったことを代謝と呼びます。通常一つの化合物から複数の代謝物が生じます。ものによっては代謝物のほうが活性や毒性が高いこともありますので注意深く検討する必要があります。

そして最終的には医薬品成分は尿などから排泄されることになります。排泄の経路は主に糞便、尿、汗、乳汁、毛髪、呼気などですが、乳汁に分泌される場合には赤ちゃんへの影響がないかどうかも調べなければなりません。

このようなことを複数の動物種を使って調べ、動物の種類による違いなどを確認していきます。もちろん一番大切なのはヒトでのデータですが、未知の化合物をいきなりヒトに与えることはできませんのでラットやマウス、ウサギ、イヌといったよく使われる動物や、ヒトに比較的近いサルなどでもデータをとります。毒性試験に使われる動物と、他の動物での代謝や分布に違いがあるかどうかは動物実験の結果を解釈するためにも重要な情報になります。

こうしたADMEを調べることで、医薬品の効果を得るための投与方法が決められます。目的の効果（薬理作用）を出すための血中濃度を一定の期間維持するために、必要な医薬品の量と1日何回飲むか、といったことが決まります（12ページの図3）。医薬品としてよくある飲み方は1日3回毎食後、というものですが、そういう場合の血中濃度の変化は飲んでし

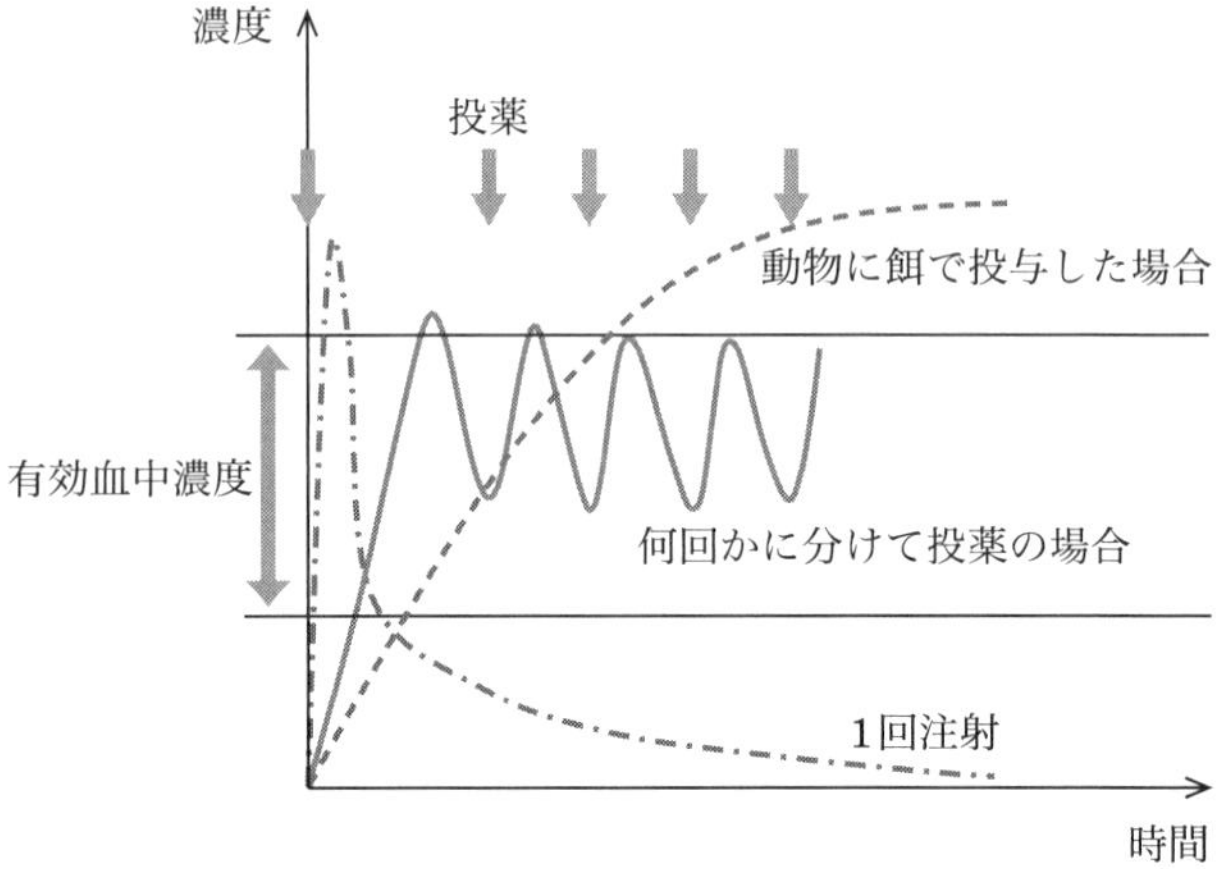

図3　血中濃度

ばらくしてから増加しやがて減少していくというパターンを繰り返すことになります。

一定の時間間隔で正確に飲むことが理想ですが、現実にはそれは難しいでしょう。有効血中濃度を維持する時間帯が長くなるよう指示されたとおりに薬を飲むわけです。このときに有効で安全に使える濃度の幅が大きいと、たまたま飲む時間が接近していても有害影響が出るほどにはならなければ、使いやすい薬といえます。同じ量の薬を飲んでも体重が違えば当然身体中の濃度は変わりますし、薬物を代謝する能力にも個人差があるので、そのような差で副作用が出てしまう場合は使いにくい薬といえます。わずかばかりの有効濃度と害が出る濃度の差しかない場合は錠剤のような形で販売するのは難しく、たとえば抗がん剤のような厳密な濃度管理が必要な医薬品

表1　有効量と毒性量（成人）

物　質	非毒性または有効量	毒性量	致死量
アルコール 血中濃度	0.05%	0.1%	0.5%
一酸化炭素 ヘモグロビンと結合した割合	＜10%	20-30%	＞60%
セコバルビタール（睡眠導入薬）血中濃度	0.1 mg/dL	0.7 mg/dL	＞1 mg/dL
アスピリン（消炎鎮痛剤）	0.65 g（2錠）	9.75 g（30錠）	34 g（105錠）
イブプロフェン（消炎鎮痛剤）	400 mg（2錠）	1400 mg（7錠）	12000 mg（60錠）

T. Gossel, J. Bricker eds., *Principles of Clinical Toxicology*

は、血中濃度を監視しながら点滴するといった方法をとることになります。

表1に代表的な薬物の有効量と毒性量を示します。アルコールは身近な薬物ですが有効量と毒性量の差が小さく、使いにくい薬物であるといえます。だから不快な思いをしたり失敗したりしやすいのですが、そのわりにはあまり警戒されていないようです。

胃でほとんど分解してしまうようなものは経口投与できないので注射にしたり皮膚や吸入など別の経路から投与します。ときには胃では溶けないけれど腸で溶けるカプセルに入れるという工夫をすることがあります。

効果を確認する

医薬品が「効く」かどうかを判断するのにも

っとも重要なのが臨床試験、つまりヒトで効果を確認することです。動物実験などの結果から、ヒトに使えそうだとわかったものについて通常三段階に分けて臨床試験が行われます。

（1）第1相試験（フェーズⅠ）

少数の健康な人で、候補となる薬（臨床試験では治験薬と呼ばれます）を投与し、副作用などの安全性を調べます。たとえば最初は1回だけ少しずつ用量を変えて血中濃度がどう変わるかなどを確認します。1回与えたときに問題がないことを確認したうえで一週間程度毎日医薬品として使用されるような状況で（1日3回など）与えて副作用が出ないかどうかやADMEに関するデータを収集します。この試験に参加する人は試験期間中缶詰になって食べるものや排泄物などがすべて調べられます。ごくまれに、動物ではわからなかった有害影響が出ることがあるので慎重に観察されます。

（2）第2相試験（フェーズⅡ）

今度は少数の患者さんを対象に、治験薬の有効性と安全性を調べます。ここで初めてヒトでの病気の治療薬としての有効性をその容量-反応性を含めて確認することになります。患者さんが対象ですので健康なヒトでは見られなかった影響がある可能性もあるので慎重にデータをとります。

（3）第3相試験（フェーズⅢ）

第2相で期待できる結果が得られたら、これまでよりたくさんの患者さんを対象として、有効性と安全性を調べる試験を行います。この段階までくると一般の患者さん向けに、治験に参加しませんか、という募集が行われることがあります。

ここで調べられるのは実際に病院などで使用されたときの効果や副作用などです。これまでのデータから、有効であることを確認するためにはどのくらいの規模で試験を行えばいいのかについてある程度の予想がつきますので、何人の患者さんを集めてどのくらいの期間で、対照群の患者さんには何を使って、どのような指標で効果があると判断するのかなどの実験計画を立てて臨床試験登録をします。対照群には有効成分の入っていないプラセボを使うこともありますが、すでに別の治療法がある場合にはその治療法と比較します。治療法がある病気に治療をしないというのは倫理的に許されないからです。

試験の主要評価項目（一次エンドポイント）やその統計学的解析法も試験を開始する前に決めておきます。たとえば病気による死亡を減らす効果を期待したのにその効果はなかったものの血液検査の値が少し良くなった、といったようなことはよくあります。その場合、血液検査の値が良くなったから薬は効いたのだ、と結論するのは間違いで、効果はなかった、と結論するのです。薬の開発をする立場だとどうしても良い結果を期待して、些細なことでも効果があったと言いたくなるのでわざわざこういうしばりを設けるのです。

また結果が思い通りでなかった場合、発表する意欲がなくなりますが、事前に臨床試験登録をすることで都合の良い結果だけを発表する「出版バイアス」を小さくできます。この第3相試験で有効性と安全性を確認してようやく薬として一般の患者さんに使うことができるのです。

このような臨床試験は一つの薬で複数回実施されます。1回の試験ですべてが計画通りに完璧に実施できるわけでもなく予想外のこともおきます。すべてのデータを第三者である医薬品の評価担当者（医薬品医療機器総合機構）が評価して医薬品として認可されるかどうかが決められます。

医薬品の場合は有効性と安全性は秤にかけて評価するものです。つまり副作用などの有害事象は必ずあるものの、それが薬によって病気が良くなることのメリットと比べられるのです。重篤な副作用をもたらす可能性がある薬であってもその治療効果が絶大であれば薬として使うことはあります。たとえば抗がん剤の中には発がん性のあるものもありますが、何十年も使用し続けた場合のがんリスクのわずかな増加と、放置すれば数年以内に死んでしまうがんを治療できることとを比較して使うことを選ぶわけです。ただしそのような副作用が強い薬は患者が自分で使うものではなく、専門医が十分注意しながら使うものです。当然患者ひとりひとりで病気の状況もその他の状態も違いますので一律に判断できません。薬として使用が認可されたからといってすべての患者さんに使えるわけではありません。使うかどうかは患者さんの意向を尊重して医師が専門知識を動員して判断するのです。

医薬品で副作用があったときには

市販前の臨床試験は第3相までですがそれに加えて市販後にも安全性を確保するための仕組みがあります。市販後調査というものです。

薬の中には慢性疾患の治療用などに長期にわたって使い続けるものがあります。臨床試験には長い時間がかかるとはいえそこまで長期間試験を続けるわけではないし、もし効果がありそうな薬ならそれを待っている患者さんにはできるだけ早く届けたい。でも長期間使用した場合の有害影響に関する情報は欲しい。そういうことから実際に販売されてからも調査を続ける仕組みがあります。日本では以下のような仕組みがあります。

（1）再審査制度および定期的ベネフィット・リスク評価報告

新しく発売された医薬品については、最初の4～10年間、使用成績などに関する調査を行い、有効性や安全性について再確認をする制度です。調査の結果は、定期的に報告することが義務づけられています。

（2）再評価制度

すべての医薬品について、最新の科学情報をもとに、有効性や安全性が妥当なものかどうかを見直すための制度です。再審査の後、5年ごとに選別して評価が行われます。

（3）副作用・感染症報告制度

すべての薬について、副作用・感染症に関する報告を義務づけることで、早い段階で安全対策を講じるための制度です。製薬会社による企業報告制度、病院などの医療機関と薬局を対象とした医薬品等安全性情報報告制度、国が実施するＷＨＯ国際医薬品モニタリング制度の三つからなります。

このような市販後調査の中で明らかになった副作用などの情報をもとに、医薬品の使用上の注意が改訂されたりします。薬局で購入した一般用医薬品には必ず添付文書がついています。この文書の中に副作用についての注意が書かれています。その文言や形式は適当に書いたりデザインしたりしているわけではなくて、規定の形式があり意味があります。そしてもっとも重要なことは、添付文書に書いてあることがすべてというわけではなく、消費者の目に直接触れることはないかもしれませんが、一つの薬の背景には膨大な情報があって必要に応じて参照できるようになっている、ということです。そのような情報は膨大なのですべてを予め表示したり添付したりできませんが、使用者からの質問にたいして適切な情報を伝えるための専門職である薬剤師がいます。

医薬品は、指示通りに適切に使用したにも関わらず、副作用がおこることがあります。これは誰が悪いわけでもありませんし医薬品に限ったことではありません。医薬品の場合には、適正に使用したにもかかわらず、その副作用により入院治療が必要になるほどの重篤な健康被害が生じた場合に、医療費や年金などの給付を行う公的な制度があります。医薬品副作用被害救済制度といって、医薬品企業の拠出金と国の支援により運営されています。薬局などで購入した医薬品による被害も救済対象です。

医薬品というのはこのような膨大な情報や制度に支えられているのです。薬として私たちが手に取る「モノ」は特定の化合物が少々と増量のためのデンプンなどと組み合わせたごく小さな錠剤かもしれませんが、その「価値」は化合物そのものにではなくその背景にある「情報」にこそあります。その「情報」を得るために膨大な時間とお金がかかるのです。

ここで概要のみを示した医薬品の開発には10年以上の年月とお金がかかりますが大事なことはこのどの時点でも、この薬はダメだ、という情報が得られたら開発を中止する覚悟が必要だということです。動物実験では有望だったのにヒトではダメだった、確かに病気には効果があったのに重大な副作用が出る、といったことはよくあります。

それまでにかけたお金と時間を考えると、あきらめる、という判断はとても難しいものです。それでもそれができなければダメなのです。製薬企業のほとんどが大企業なのは、数十億円や数百億円といった開発費用が無駄になったからといって屋台骨が揺らぐようではやっていけないからです。お金だけの問題でもありません。薬の開発に携わっている人たちも人間です、自分が何年も一生懸命やってきた仕事が結果的に製品にならず役にたたない、というのは辛いものです。

志のある人が、無数の困難を乗り越えてものごとをやり遂げ、人々の役にたつ、というのはとても魅力的な「物語」ですが現実はうまくいかないことのほうが多かったりします。会社や個人が「命をかけて」「退路を断って」薬をつくる、というのはドラマのストーリーとしてはいいのかもしれませんが、もしそのような薬に最終段階で致命的リスクがあることがわかったとしても、撤退を選択するのは非常に難しいことが予想され、リスク情報を隠す可能性が高いので、評価する立場から見れば非常にこわいものです。

患者さんの役にたつという心理的な達成感がなくとも働き続けられる、開発が失敗しても失業したりする心配はない、という状況でなければ高い倫理など期待できるはずもありません。

そのような薬の全体像の中では、化合物を合成して錠剤の形を作る実費など微々たるものです（図4）。

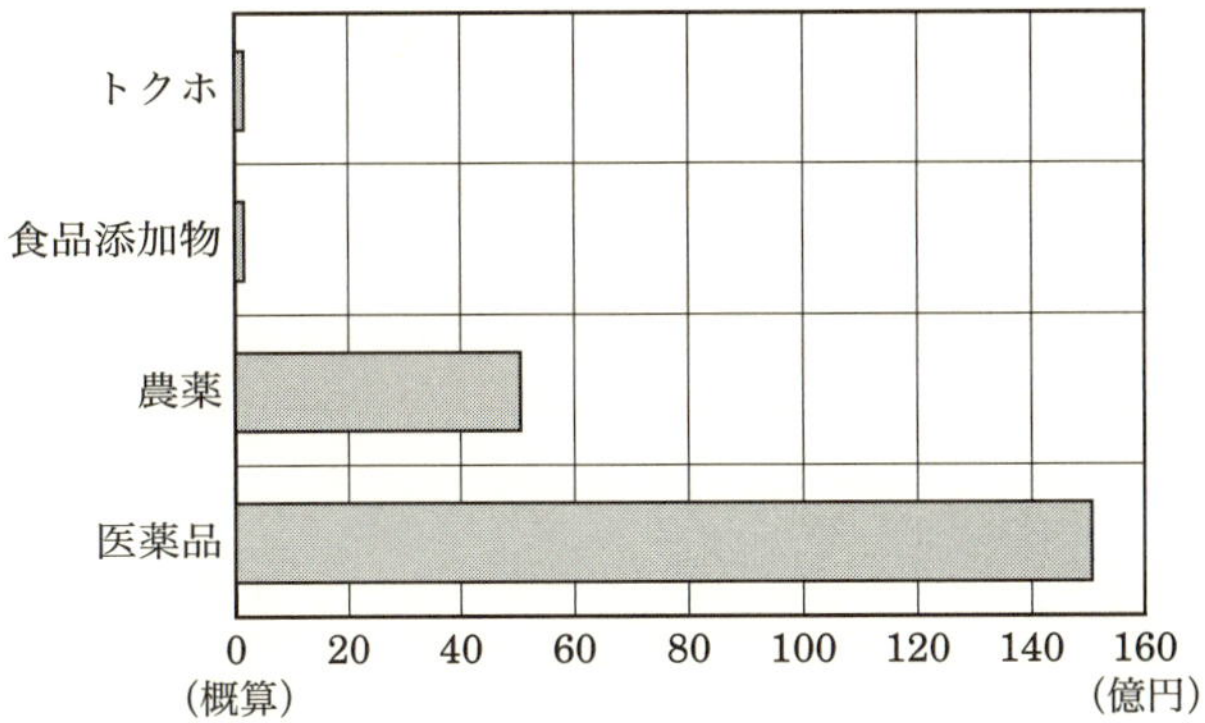

図4　製品開発にかかるコスト

さてここで本書のテーマに戻ります。

このように薬には安全性と有効性を支えるたくさんのシステムがあります。一方で、いわゆる健康食品にはこうしたシステムが何一つないのです。それでは、具体的にいくつかの事例をみてみましょう。

医薬品の事例

事例1——サーチュイン活性化因子（レスベラトロール）

開発中に見込みがなくなって薬としての開発が中止された事例の一つにサーチュイン活性化因子があります。サーチュインという名前は知らない人でもレスベラトロールという物質の名前は聞いたことがありませんか。フランス人は脂肪の多い食生活をしているのに英国や米国に比べると心血管系疾患が少ないというフレンチパラドックスと呼ばれる現象があります。その理由としてフランス人はワイン、特に赤ワインを飲むので、ワインに含まれている物質が健康に良い作用をしている可能性があり、その物質がレスベラトロールである、というふうに説明されることがあります。

レスベラトロールについてはたくさんの培養細胞での実験（*in vitro* 試験）や動物実験が行われ、寿命を延ばす、いわゆるアンチエイジング作用があるのではないかと主張されるようになりました。そしてレスベラトロールの作用はサーチュインと呼ばれる一連の酵素を活性化することによる、という研究成果が発表されていました。

サーチュインは食事のカロリー制限による寿命延長に関係する酵素といわれており、サーチュインを活性化する物質を医薬品候補物質としていくつか作っていたのがバイオベンチャーであるサーチュリス製薬（Sirtris Pharmaceuticals）です。レスベラトロールよりも強いサーチュイン活性化作用をもついくつかの化合物を開発して臨床試験が期待できるところまで行きました。そしてサーチュリス製薬は２００８年に大手製薬企業のグラクソ・スミスクラインに買収され、同社のもとで臨床開発が進められます。

ここまでは順調に開発が進んで期待されていたのですが、臨床試験で有害反応が出たりといった困難に出会い、結局医薬品としての開発は中止されて２０１３年にグラクソ・スミスクラインはサーチュリス社を閉鎖し吸収してしまいました。もともとサーチュリス社の社員だった人の多くは解雇され、サーチュイン関連の研究は臨床試験の前の段階にもどってグラクソ・スミスクライン社が続けることになりました。

この医薬品としてのサーチュイン活性化因子の開発とは直接関係はありませんが、同時期にレスベラトロールに健康にとって好ましい効果があるという論文を多数発表していたレスベラトロール研究の第一人者であるディパク・ダス（Dipak K. Das）博士に多数の研究不正があることが発覚し２０１４年までに論文20報が取り下げられるという「事件」がおこっています。

ダス博士は不正を認めないまま２０１３年に67歳で亡くなっていますのでこの件について今後何かが明らかになることはあまり期待できませんが、サーチュリス社の顛末と合わせて、レスベラトロールへの期待は一気に後退することになりました。

医薬品の開発ではこのように「失敗」する事例は珍しくありません。問題は「期待できるかも」という時点で大々的にメディアが報道してもその後の経緯がきちんと最後まで報道されることは滅多にない、ということです。

レスベラトロールについても、期待がもっとも高かった時期に取材したと考えられる番組が日本のＮＨＫスペシャルで２０１１年に報道され、サプリメントが売れたようです。番組が放送された時点ですでに疑わしいという報告はそれなりにあったのですが、その後の経緯を知らせる番組が作られることはなく、今（２０１５年）でもサプリメント業者の宣伝に使われ続けています。

事例2――市販後に副作用が明らかになって医薬品の登録が取り消されたソリブジン

1993年に発売されたソリブジンという抗ウイルス薬があります。この薬は帯状疱疹の治療に用いられましたが、抗がん剤のフルオロウラシルを使っている患者さんにはソリブジンがフルオロウラシルを代謝する酵素を阻害する作用があったため、フルオロウラシルの毒性が出やすくなり、白血球減少や血小板減少といった重い副作用で発売後の一年間で10人以上が死亡し1994年に販売を中止しています。

この事例では、ソリブジンを処方した医師が、患者さんが抗がん剤による治療を受けていることを知らなかったことが大きな要因となったといわれています。自分ががんであるという告知をされないまま抗がん剤を使っている患者さんもいた時代の事件で、がんの告知が普通になりお薬手帳も制度化された今の時代ならある程度は予防できたかもしれません。帯状疱疹治療薬としての効果は優れていたことから、ソリブジンが使えなくなったことを残念だと考える人もいます。効果が明確であればあるほど、適切に使う必要があります。

事例3――ベンザブロック

日本では独立行政法人医薬品医療機器総合機構が、企業から報告された情報や独自に収集した情報を定期的に評価して安全対策をとっています。

医薬品の市販後に副作用がわかった場合の対応として行われることの一つが添付文書の改

訂です。添付文書というのは薬についている、使用方法や使用上の注意などが書いてある紙のことです。添付文書の改訂内容は医薬品医療機器総合機構のウェブサイトの、使用上の注意の改訂指示通知（http://www.pmda.go.jp/safety/info-services/drugs/calling-attention/revision-of-precautions/0001.html）で確認することができます。医師が処方する医薬品が多いものの薬局で購入できる医薬品でも改訂されていることがあります。

比較的最近の事例としては２０１４年7月の「イブプロフェン・塩酸プソイドエフェドリン・クロルフェニラミンマレイン酸塩・ジヒドロコデインリン酸塩・無水カフェイン（一般用）、イブプロフェン・塩酸プソイドエフェドリン・L-カルボシステイン・d-クロルフェニラミンマレイン酸塩・ジヒドロコデインリン酸塩・無水カフェイン（一般用）の『使用上の注意』の改訂について」という文書があります。これは商品名では「ベンザブロックL、同Ｌ錠」「ベンザブロックLプラス同Lプラス錠」のことで、改訂の内容はこれまでは「服用後、次の症状があらわれた場合は副作用の可能性があるので、直ちに服用を中止し、この文書を持って医師、薬剤師又は登録販売者に相談すること」の項目に、

まれに下記の重篤な症状が起こることがある。その場合は直ちに医師の診療を受けること。

皮膚粘膜眼症候群（スティーブンス・ジョンソン症候群）、中毒性表皮壊死融解症：高熱、目の充血、目やに、唇のただれ、のどの痛み、皮膚の広範囲の発疹・発赤等が持続したり、急

激に悪化する。

とあったものが、

まれに下記の重篤な症状が起こることがある。その場合は直ちに医師の診療を受けること。
皮膚粘膜眼症候群（スティーブンス・ジョンソン症候群）、中毒性表皮壊死融解症、急性汎発性発疹性膿疱症：高熱、目の充血、目やに、唇のただれ、のどの痛み、皮膚の広範囲の発疹・発赤、赤くなった皮膚上に小さなブツブツ（小膿疱）が出る、全身がだるい、食欲がない等が持続したり、急激に悪化する（傍点は引用者）。

になるわけです。

その改訂の理由は急性汎発性発疹性膿疱症関連症例が1例報告され、それが因果関係が否定できない症例であったからです。

いわゆる風邪薬は一般によく使われる薬の一つですが、添付文書をよく読む習慣のある人でもこのような変更があったことにはなかなか気がつかないかもしれません。このように添付文書の注意書きはいいかげんな思いつきで書かれているのではなく、一つ一つに意味があるのです。

第2章

食品が安全とは？

食の安全はすべての人にとって大切なものです。ここでは現在の食品の安全性確保のための考え方を簡単におさらいしておきましょう。

大前提として、人間は生きるためには栄養やエネルギー源となるものを食べなければならないので食糧を確保することが最大の課題です。現在でも食糧不足は解決されたとはいえない状況です。そしてその食品は、生命維持に必須でありながらも同時に多くの病気をひきおこしてもいます。主に細菌やウイルス、寄生虫などが原因ですが、天然に動植物に含まれる化学物質なども中毒原因です。

食品は生命の源でもあり命を脅かすものでもあります。そこでできるだけ安全に食べるための対策を講じることになります。今日ではそれはリスク分析という手法になります。リスクというのはヒトに危害を与える可能性のことです。

食品が安全とは？

食品の安全性といった場合の「安全」の定義は、リスクが許容できる範囲内である、ということです。許容できるリスクの大きさには特にこれが絶対という不変の基準があるわけではなく、その社会の構成員が合意していくものです。安全だとみなされる水準は時代や社会によって違います。たとえば貧しい国と豊かな国とでは一般の人々の食べている食品の安全性の水準が違うということは理解しやすいでしょう。同じ国でも時代とともに変わります。
戦後の貧しい時代の日本では、食べられるものなら何でも食べた時期もあったでしょう。高度経済成長時代の昭和30年代でも、毎年厚生省（当時）に届け出があったものだけで数百人が食中毒で死亡しています。実際の数は報告数よりはるかに多かったはずです。それが平成の20年代では一桁、時にゼロになっています。

その間に、どのくらいのリスクなら受容できるのかに関する共通認識は大きく変化してきているのですが、いつ、どのくらい変わったのかを決めることはなかなかできません。社会によっては特定の種類のリスクについては許容できる範囲が広いのに別のリスクについてはわずかでも許容できないということがある場合もあります。安全であるとみなされるリスクのレベルが明示されていないこと、あるいはそれぞれに異なるレベルを想定していることが食の安全に関する議論を混乱させます。

国境を越えたヒトやモノの流通が盛んになっている現代においては、国や地域ごとにあまりにも違う安全性の要求水準は、人々にとってのリスクでもあり貿易上の障害ともなりますので一つの目安として国際基準があります。コーデックスという組織が食品の国際基準を設定しています。

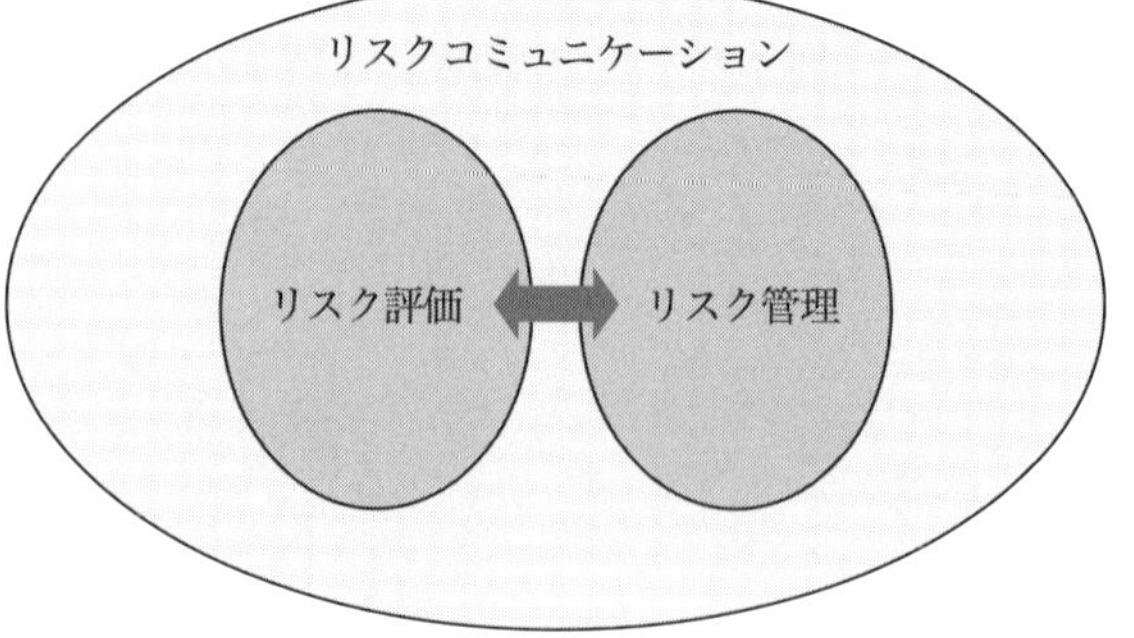

図5　リスク分析の三要素

リスク分析

現在、食品の安全性確保のために採用されている手法はリスク分析と呼ばれます。日本では2003年に食品安全委員会が設立されたときに公式に明示されていて、リスク評価、リスク管理、リスクコミュニケーションの三要素からなります（図5）。

リスク分析の出発点は、食品は未知の、膨大なリスクの塊である、ということです。人間はこれまでいろいろなものを食べてきましたが、それらの食品の中身についてはよくわかっていません。経験上、これは食べてもすぐにお腹を壊したり病気になったりしないということがわかっているだけで、何でできているのかを完全に知っているわけではありません。

もちろん栄養成分表にタンパク質や脂質などの項目で標準的栄養素が記載されていたり、学術論文を調べればなにやら長い名前の化合物が含まれている、という情報はあります。しかしたとえコメのような見慣れたものであってもそのすべてを知っているわけではなく、一粒のコメさえ化学的に合成することはできません。

コメを炊いたときの変化も、焦げができたときに起こっている化学反応も、さらに料理に使って食感が変わる状況も完全に理解しているわけではありません。

リスクについては、生のコメをたくさん食べればお腹を壊し、炊いたごはんを放置するとカビが生えたり細菌が増殖したりします。カドミウムやヒ素が比較的多いことは有名ですがどのくらい入っているのかは個別のコメには書いてありません。焦げの部分はもちろん、栄養という意味でも有害物質を多く摂るという意味でもコメばかり食べるのは健康には悪いようです。品種が違うと遺伝子配列も違うはずですが、どこがどう違うのか完全にはわかっていません。だからといって「完全にわかるまで食べない」というわけにもいかないのです。

食品はもともとリスクがある、私たちはその正体を正確には知らない、けれども食経験と科学を用いてそのリスクを可能な限り低減することができる、というのが食品の安全性確保です。イメージとしては32ページの図6になります。

一般的に食の安全確保というと真っ先に食品添加物や残留農薬や中国産などといった言葉を思い浮かべるようですが、食品の安全性全体の中ではこれらは大きな問題ではありません。食品添加物や残留農薬は、どちらかといえば1章で述べた医薬品に近いやりかたで安全性を

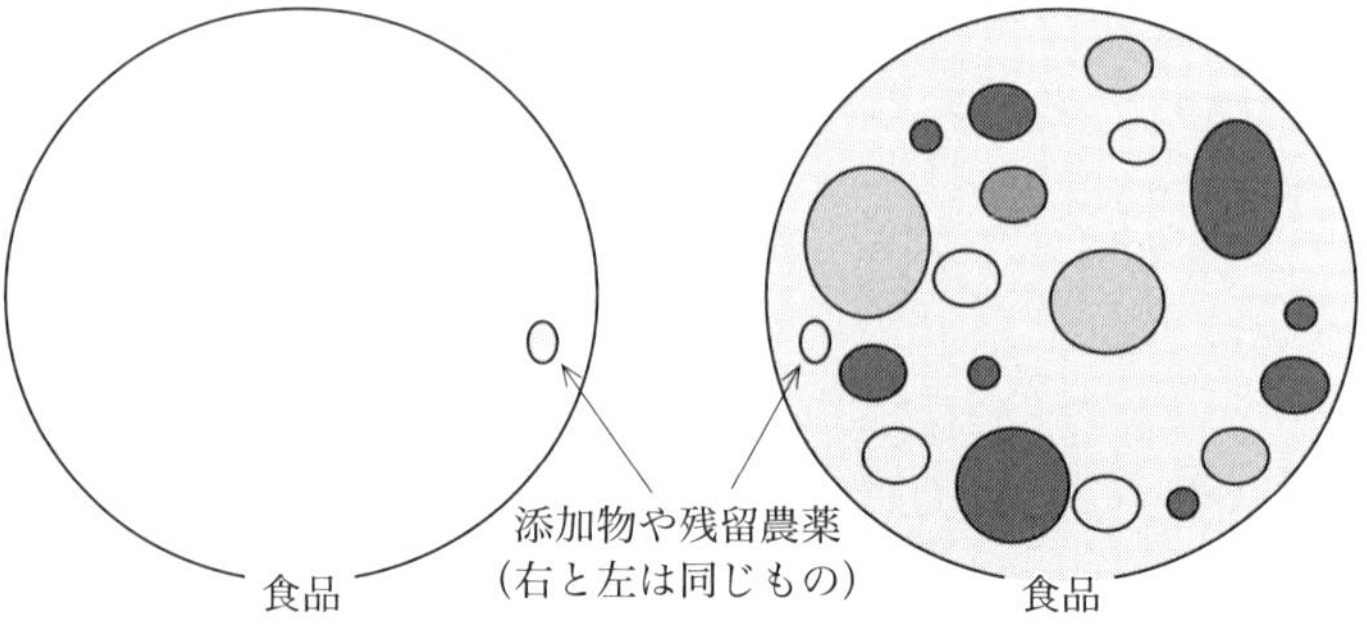
一般の人の食品の汚染に
食品リスク研究者の食品の
汚染についてのイメージ

図6　食品の安全性についてのイメージ比較

評価し、必要な場合に限って使用が認められているものです。適正な使用がなされているかどうかについても常に監視されています。

それに比べると何が入っているのかわからないし、わかったとしても個別のばらつきが大きい食品そのもののリスクのほうが通常は大きいのです。ただし「食品そのもののリスクが大きい」といっても、食経験のある範囲内では命の危険となるようなものはないことがわかっているのです。食べてすぐに病気になるようなものは食品とみなされません。

リスク分析のうち、日本では主に食品安全委員会が担う科学的評価の部分がリスク評価になります。リスク評価の手順は食品中に含まれる危害要因となるハザードの同定・ハザードの性質決定・暴露評価・リスク評価からなります（図7）。

ハザードの同定は食品中に含まれる有害なものは何であるかを確認することです。牛肉には腸管出血

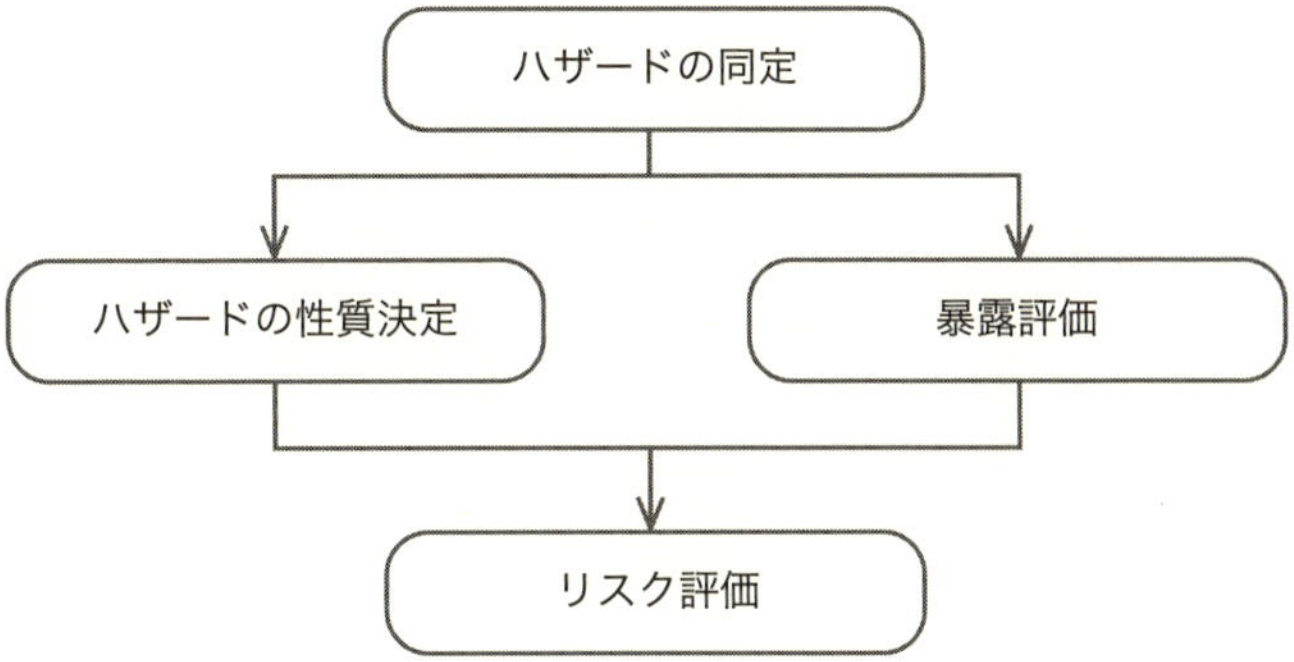

図7　リスク評価

性大腸菌がいることがあり鶏肉にはカンピロバクターがついていることがあります。キノコやフグには毒があり魚にはメチル水銀が含まれます。

これらはすでにわかっているハザードですが、これまでわからなかったものが明らかになることもあります。たとえばフライドポテトやパンにアクリルアミドができていることがわかったのは2002年のことですし、特定保健用食品である花王のエコナにグリシドールの脂肪酸エステルが比較的多く含まれることがわかったのは特定保健用食品として販売された後のことでした。このようなものはわからなかっただけで存在しなかったわけではありません。これからも思いもよらないものが検出され続けることでしょう。

ハザードがわかったらそのハザードの性質を調べます。細菌などの微生物ならその病原性はどうか、どういう条件で増殖するかといったことになりますし、化学物質であればどの濃度でどの臓器に影響が出るかについての情報を集めます。

同時に食品からどの程度の量を食べているのか（暴露量）を調べます。特定の食品にのみハザードとなるものが存在する場合、食生活が違うと暴露量は異なる可能性があるので、年齢別などの集団でも評価をしてリスクが特に大きくなる集団があるかどうかも検討します。ハザードの性質によっては妊婦や特定の疾患のある人などの分類も使います。

ハザードの性質決定と暴露評価はリスクを知るための両輪で、どちらも重要なのですが、これまでどちらかというとハザードばかりが注目されて暴露評価が手薄でした。たとえば農薬の成分を動物に大量に与えたら病気になった、という情報はハザードに関する情報です。もともと動物実験の目的が有害影響を調べることなので影響が出る量まで与えるわけです。しかしそれだけではリスクはわかりません。それを日常的に私たちがどのくらい食べているのか、暴露に関する情報がなければリスクが大きいとも小さいともいえません。

ところが「ある食品から○○という農薬成分が検出された、○○はラットに対して毒性がある、だからその食品は危険なので食べてはいけない」といったハザードの有無だけで断定するニュースや記事が非常に多いのです。これはメディアの問題もありますが、ハザードのみを調べている研究者や分析担当者が多いこともひとつの理由です。

暴露評価というのは地味で目立たないのであまり重要視されていませんでした。しかしリスクを管理しようと思うなら、私たちがするべきことは暴露量を管理することです。ハザー

リスク ＝ ハザード×暴露量

リスクを減らす ＝ 暴露量を減らすこと

図8　リスク管理

ドは特定の化合物や事象に特有のもので、通常は人間がどうにかできるものではありません。リスクを減らすには暴露量を減らすしかありません。そのためには暴露に関する情報がとても重要になります。現代の日本人は食べものの選択肢が多いので特定のものへの一人ひとりの暴露量は相当違う可能性があります。リスクの高い人はどういう人で、そのリスクを下げるにはどんな対策が考えられるかを提示することがリスク評価になります。

どんな対策をとるかを決めて実行するのはリスク管理担当者の仕事です（図8）。

ＨＡＣＣＰとは？

このようなリスク分析の考え方を具体的な食品の微生物安全管理方法として提示したものの例がＨＡＣＣＰ（ハサップ）になります。ＨＡＣＣＰとは英語の Hazard Analysis Critical Control Point のそれぞれの頭文字をとった略称で、「危害分析重要管理点」と訳されます。食品の製造・加工工程のあらゆる段階で発生するおそれのある汚染等の危害をあらかじめ分析（ハザード分析、Hazard Analysis）し、その結果に基づいて、製造工程のどの段階でどのような対策を講じればより安全な製品を得ることができるかという重要管理点（クリティカルコントロールポイント、Critical Control Point）を定め、これを連続的に監視することにより製品の安全を確保する衛生管理の手法です。

日本の場合、食品の安全性を確保するための食品衛生法（１９４７年成立）で、いろいろな食品のいろいろな成分・微生物について規格や基準を定めて安全性を管理してきました。牛乳に検出される細菌数は何個まで、とか、キャベツの残留農薬はＡというものについては何ＰＰＭ以下、などといったものが規格基準で、そのようなたくさんの「お上の決めたきまり」をきちんと満たしていることを確認するのが安全管理だ、という考え方でした。

しかし安全性に関する考え方も食品の加工技術も進歩し、商品としての食品もいろいろなものが開発されてきていますので、必ずしも型どおりの基準がベストとはいえない場合もあります。そのため食品の製造について一番詳しいはずの事業者が、製品の安全性確保のために、中毒事故予防対策としてＨＡＣＣＰを導入することが薦められています。

まずハザード分析の段階では、起こりうるすべてのハザードを想定して対策を検討します。このときに製品についての専門的な知識が必要になるのはもちろんですが、どこから原材料を入手するのかなど、については事業者が決めることですので当事者でなければわかりません。入手先に特有のリスクがある場合もあるでしょう。事前にどれだけきちんとしたハザード分析ができるかが非常に重要なのです。単純に指示された規則に従う場合に比べて、自由度は高くなり、高度な専門性も要求されます。

現在は、国際的に取引される食品について、ＨＡＣＣＰはほぼ必須となっていますが残念ながら日本では導入が遅れています。日本の場合、食品は主に輸入するものであって輸出するものではなかったこと、国産だというだけの理由で輸入食品より優れていると消費者が勝手に思ってくれていたために、進化する安全性についての国際標準に取り残されている、というのが現状です。

ＨＡＣＣＰは食品事業者向けの手法ですが、消費者にも果たすべき役割はあります。食品業者が適切な衛生管理のもとで一定レベルの安全性を確保した食品を提供していたとしても、それを食べるまでのあいだに安全性が損なわれる可能性はあります。たとえば、販売されている食品には消費期限が表示してあったり調理法が指定してあったりします。

期限以内に食べることを前提にして安全だとしている食品を、期限が過ぎてから食べればお腹を壊すかもしれません。加熱調理用の生肉を加熱しないで食べれば病気になる可能性もあります。表示を読んで指示に従って適切な調理をするのは消費者の責任です。

リスク管理対策

食品そのものについて私たちがよくわかっていないため、対策としては、わかっていることについては十分考慮した上で、わからない部分によるリスクを最小限にするために、リスクを分散させるのがベストです。つまりいろいろな食品を食べましょう、ということです。これまでも栄養バランスをとるためにいろいろな食品を食べましょうといわれてきたはずですので表面的には同じです。ただ背景にある考え方が少し違います。

食品に関連するリスクは非常に複雑で、たとえば産地によって土壌や大気に含まれる微量元素の種類や濃度が違います。同じ農作物であっても気候や栽培方法によって含まれる成分は変わります。同じ農作物でも調理法が違えばリスクは異なります。生で食べる場合は、微生物による食中毒や天然の毒素のリスクが比較的高くなりますが、高温で調理すると副生成物由来のリスクが生じます。

加工食品なら原材料や調理法以外に流通・保管・販売に由来するリスクもあるかもしれません。日常的なお買い物や食事のときにそれぞれを詳細に分析して最適化するのは現実にはほぼ不可能です。でもいろいろなものを食べることは幸いなことに今の日本では結構簡単にできることです。

近所のスーパーでお買い得になっている品物はいつも違うし、同じ野菜でも季節ごとに産地の違うものが売られていたりするでしょう。外食では世界中のいろいろな料理を提供するお店があります。外国のお土産が日本の食品基準に合っていないから食べない、などというのはもったいないですし、時には旅行先でその土地の名物を楽しむのもいいでしょう。災害用の保存食やインスタント製品だってたまには食べるでしょう。いろいろなものが手に入るというのは安全性にとっても大切なことなのです。

逆に「地産地消」「こだわりの食生活」のようなもので特定の産地のものしか食べない、あれはダメこれもダメと選択肢を狭めるようなことをすると、たとえ栄養不良にはならないとしても思いもよらないリスクが高くなっている可能性はあります。産地にこだわるという人でもその土地や農作物の重金属濃度を知っている人はほとんどいないでしょう。

もちろん現状で目に見える健康被害があるものへの対策は優先的に行うべきで、その上でリスクの大きさに応じて順次対策していくものです。リスクがわからない、というのは明確に認知できるほど大きなリスクではないということでもあります。

食品の安全性の基本となっているのは食経験とリスク分析で、リスク管理のための最良の方法は、リスク分散のために特定のものだけを食べずいろいろなものを食べるということである、ということを覚えておいてください。

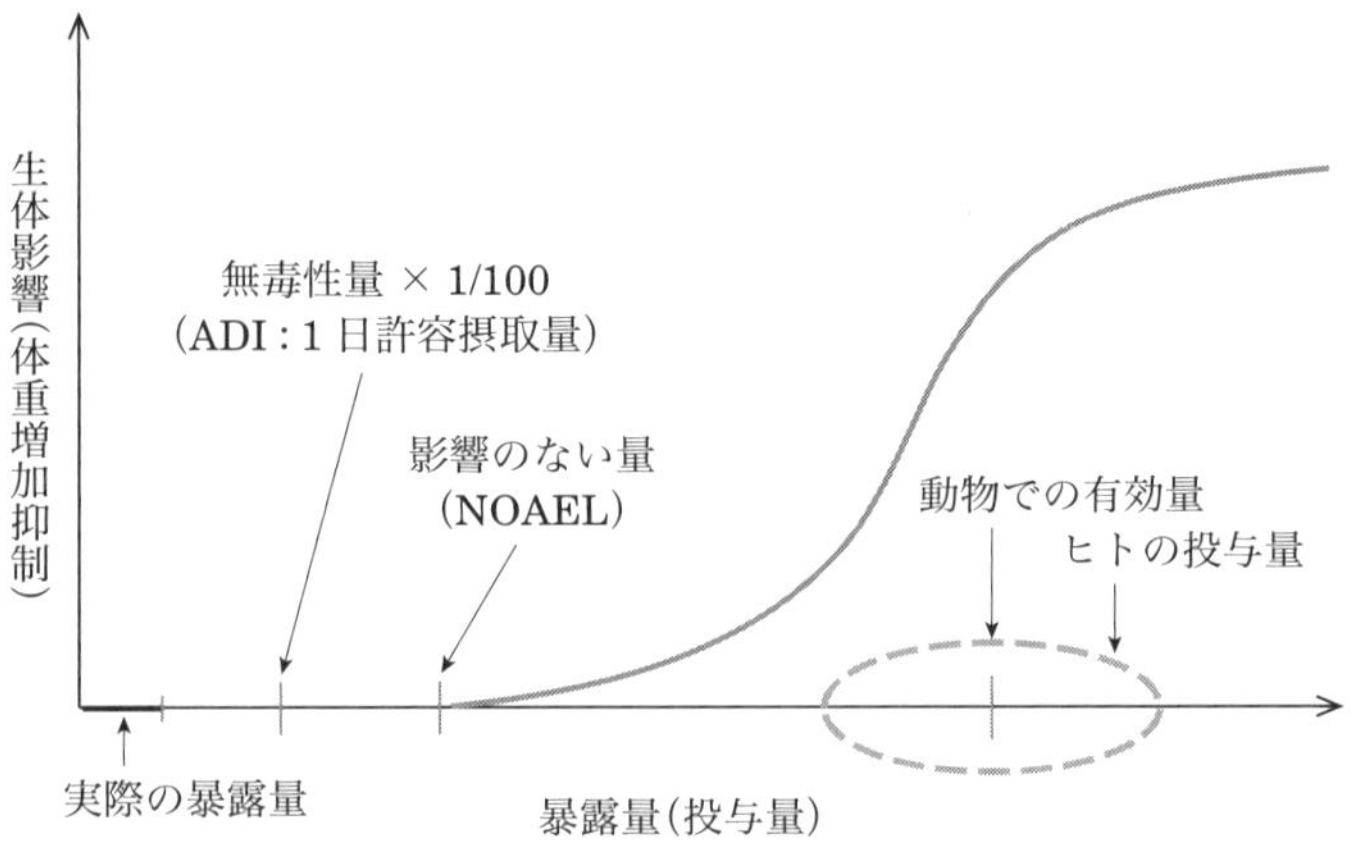

図9　残留農薬や食品添加物の ADI に比べていわゆる健康食品の暴露量はとても多い

いわゆる健康食品とは？

いわゆる健康食品とよばれるものがありますが、見ためはカプセルや粉末などであっても、ふつうの食品です。食品の安全上の問題として常に名指しされる食品添加物や残留農薬に比べると圧倒的にリスクが高い健康食品を、一般の人たちがほとんど警戒していないというのはとても不思議なことです。

図9に示すように、残留農薬や食品添加物は、動物実験で有害影響の出ない量の100分の1以下になるように1日許容摂取量（ADI）が設定されていて、実際に使用されて食べる量はそれよりさらに少ない量です。このときの「有害影響」には体重の増加抑制というものもあります。

一方いわゆる健康食品になると、動物で体重の増加抑制（つまり有害影響）が出る量を、効果がある量として喜んで摂取しているのです。同じ物質であっても「食品添加物」と表示されれば微量でも恐ろしいものとみなし、「サプリメント」と表示すればたくさん使った方がいいような気がする、という「直感的」行動では安全性は守れないことをしっかり認識してほしいと思います。

「いわゆる健康食品」ではありませんが、有機栽培あるいはオーガニック認証された農産物を普通に栽培された農作物より「健康に良い」と宣伝している場合があります。また健康に気をつけているのでオーガニックを選んでいるという人たちもいます。しかし食品の安全という観点から、有機栽培のほうが優れているということはありません。

有機栽培の宣伝で強調されるのは慣行（普通の）栽培より農薬の使用が少ないので残留農薬が少ないということですが、もともと残留農薬は食品そのもののリスクより小さくなるように設定されていますので、きちんと指示通りに使えば無視できる程度の小さなリスクにしかなりません。

一方で有機栽培の場合には、農地にある程度の雑草が生えたり虫がいたりすることはむしろ望ましいことだとみなされていることもあり、穀物の場合には慣行栽培よりカビ毒汚染が多く、有毒植物の混入がしばしば報告されています。

たとえば2014年にはスイスのホレ社のオーガニックベビーフードにナス科の植物に含

まれるアトロピンとスコポラミンが人体への影響が出る量検出されたため、リコールされています。この製品については少量ですが日本にも輸入されていたようです。ホレ社のオーガニックベビーフードは、２０１２年にもカビ毒であるオクラトキシンAのためにリコールされています。

日本ではあまり馴染みがないかもしれませんが、オーガニック卵は鶏をケージに閉じこめて飼育してはいけないことになっているので、ある程度自由に歩き回れるようにしています。しかし鶏を放し飼いにするとその卵には環境中に存在する鉛やダイオキシンなどの有害物質の濃度が高くなることが報告されています。鶏は地面に落ちている石ころなどを飲み込んで貯める習性があるのでケージで飼われている場合よりいろいろなものをもちこみやすいからです。

天然物にも毒物はたくさんあるので、より自然に近いから安全だということはなく、自然の脅威から守るために人間が手をかけている場合も多いのです。赤ちゃんには安全なものを食べさせたいと思うのは当然ですが、食品についての全体的で正確な知識が欠けた「思い」だけでは安全なものを選ぶことはできないのです。

次に問題となるのは「食品と医薬品の間」です。医薬品の安全性の考え方と食品の安全性の考え方には違いがあり、それにどう折り合いをつけるのかを3章でみます。その前に食品の安全性についての事例を見てみましょう。

食品による健康被害の事例

事例1——スギヒラタケ

これまで食べてきて特に問題になることはなかったから食べても安全だと判断することを「食経験」によって安全性が担保されているといいます。ところが「食経験」というのはそれほど信頼性の高いものではなく、単に有害影響に気がつかなかっただけだったということが健康被害が出てわかる、ということがあります。その典型的な例がスギヒラタケによる急性脳症です。

スギヒラタケは、8月から10月頃にスギ、マツなどの針葉樹の切り株や倒木によくみられるキノコで、東北地方などで「食べられるキノコ」として食べられてきました。しかし2003年以降、主に秋田県や新潟県を中心に透析患者でスギヒラタケを食べたことによる急性脳症による死亡事例が報告されるようになりました。最初のうちは透析患者に特異的におこると考えられていましたが、透析患者でなくとも急性脳症になった事例が報告されたため、スギヒラタケは一般の人も含めて食べないように、という助言が厚生労働省や農林水産省から出されています。2003年に偶然に透析患者で多数の症例が出たため（約60名が発症、そのうち19名死亡）注目されるようになり、よくよく調べてみると実はそれ以前からスギヒラタケによる急性脳症はあったようだ、ということがわかってきたのです。

キノコのような季節限定のものは食べる機会がそれほど多いわけではなく、キノコの中毒症状としての急性脳症がそれほど一般的に認識されているわけでもないので結びついていなかっただけのようです。「食経験」の根拠である「昔」は今より平均寿命も短く透析をしつつ長生きしているような、毒性影響が現れやすい人たちが少なかった、ということも気づかなかった原因かもしれません。

事例2——スターフルーツ

横断面が星の形になるスターフルーツという南国の果物があります。アジア原産で、果物としてもジュースとしても食べられてきたものです。

しかし腎障害のある人がスターフルーツを食べたあとで神経症状をおこし腎機能の低下や死亡したという症例が1990年代にいくつか報告されています。特徴的な症状としてしゃっくりが止まらない、精神錯乱、発作といったものがあり、中枢神経系に作用する物質が含まれていることが疑われました。スターフルーツにはもともとシュウ酸が多く含まれるため、シュウ酸が原因物質として疑われましたが、他のシュウ酸を多く含む食品ではそのような症例は報告されておらず、シュウ酸が症状の悪化に関係する可能性はあるとしてもシュウ酸だ

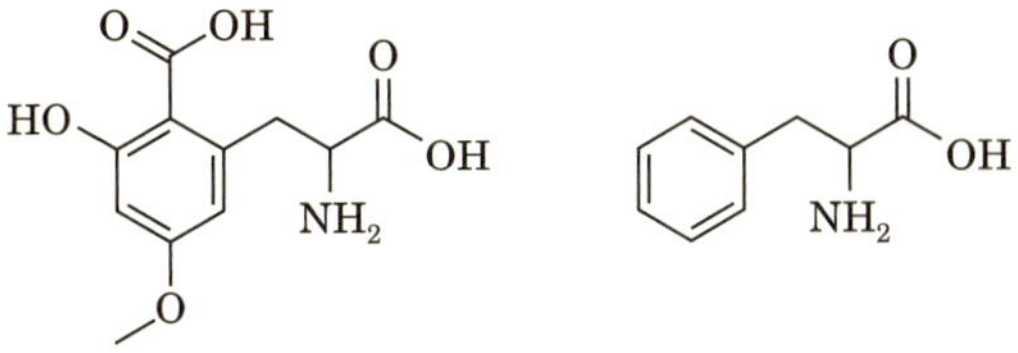

カランボキシン　　フェニルアラニン

図10

けでは説明できません。

そこで研究者らはスターフルーツに含まれる神経毒素を探しました。比較的最近の2013年になって、カランボキシン（Caramboxin, スターフルーツの学名 Averrhoa carambola に由来）という毒素が同定され、これがスターフルーツによる急性脳症の主要原因だということがわかってきました。カランボキシンはアミノ酸のフェニルアラニンによく似た化学構造をもつアミノ酸の一種（図10）で、強力な神経細胞興奮作用があり、ラットに投与すると脳症と腎障害を誘発することが確認されています。

つまりスターフルーツにはこのような毒素が含まれるため、腎障害のある人はもちろん、健康な人であっても食べない方がいい、ということが最近になってわかったのです。このように食経験があったとしてもそれが高い安全性を保証するものではないのです。

人は高齢になるといろいろな機能が衰えていくのが当然だと考えられていますが、たとえば腎機能が低下する理由の一つはカランボキシンのような天然の食品中に含まれる毒素による可能性があります。私たちは食品中に含まれる化合物のすべてを知っているわけではないので、わかったことについてその都度対処していくしか方法はありません。

すべての食品にはもれなく有害物質が含まれる、ということを前提にして、特定のものに偏ることなくいろいろな食品を食べましょう、というアドバイスは、こういう未知の有害物質によるリスクを減らすためのものなのです。

事例3——アマメシバ

普通の食品であっても「健康食品」として使用した場合には死亡を含む重大な健康被害が起こりうることを象徴する事例がアマメシバです。この事例はいわゆる健康食品について考えるときには必ず念頭に置くべきもので、くり返し取り上げる必要があります。

アマメシバ（学名：サウロパス・アンドロジナス）はインド、マレーシア、インドネシア、中国、ベトナムなどで野菜として食べられていたもので、炒めたりスープに入れたりといった加熱調理をしてから食べるものでした。それが1982年ごろ台湾で、やせる効果があると宣伝されて急激に販売量が増え、1994年から95年にかけてアマメシバの摂取と関連が疑われる肺機能障害の事例が多数報告されました。被害者の多くはダイエット目的でアマメシバをジュースなどにして摂取していて、1996年の台湾衛生署の報告によれば患者数は278人、そのうち9人が死亡して8人が肺移植を受けたとあります。

アマメシバは1996年ごろに沖縄で栽培されるようになり、2003年にアマメシバ加工品の摂取に関連すると考えられる重症の肺疾患患者が日本でも報告されたため、厚生労働省はアマメシバ加工品の販売を禁止します。その後の調査で明らかになった日本人の被害者は8人で、そのうち3人が死亡、1名が肺移植をしています。被害者は全員女性で、死亡者の中には20代という若い人も含まれます。もっとも少ない量ではアマメシバの総摂取量が300グラムで発症しています。

このうち被害者が裁判を起こしたため、使用の経緯がある程度明らかになっている事例を紹介します。

被害者のうちの二人（母と娘）がアマメシバを健康食品として使用するようになった理由は、主婦の友社（現在、主婦の友インフォス情報社）が発行する雑誌『健康』に掲載された「新・特効野菜【あまめしば】の大評判効果」という特集を読んだためでした。特集の内容はアマメシバがいかに素晴らしいかというもので、いろいろな人の体験談を載せてそれに対して「医学博士」である山ノ内慎一博士がコメントを加える、という形式でした。「末期ガンから元気に回復」という体験談に対して、

「回復されたのは【あまめしば】に豊富なβ-カロチンの抗酸化作用やビタミンやミネラル類の肝臓機能を高める作用によるものと考えられます」

とコメントがあり、「便秘が解消。自然にやせて17kgのダイエットにも成功した」という体験談に対して、

「【あまめしば】によって便秘が解消したため、体力・気力ともに充実してきたのでしょう。17kgもやせたのは【あまめしば】に含まれる各種の栄養素が新陳代謝を高め、食物繊維が余分な脂肪の排出を促した結果と思われます」

とコメントがあり、慢性的な高血圧の状況にある患者が野菜あまめしばを1週間摂取することにより130ミリ台になったとの体験談については、

「【あまめしば】に豊富な食物繊維が余分なコレステロールの排出を促し、血液をきれいにして、動脈硬化を改善した結果、血圧も下がったものと考えられます」

とコメントしていて、それらは虚偽であると判決文に記載されています。

そして「【あまめしば】で十二指腸潰瘍が改善。寝たきりの状態だった友人もすっかり元気になった」との体験談については、

「排便によって身体から毒素が排出され、元気になったのだろうと考えます」とコメントしていますが、「この体験談自体作り話であり、それに対する上記コメントも出鱈目である」と裁判官が記述しています。

このような内容の特集が掲載された号に、読者へのプレゼントとして特定企業のアマメシバ製品（「久司道夫のあまめしば」、久司道夫氏との名称使用の契約を締結せずにその氏名を冠して販売されていたものと説明されているが、販売したのは「クシ・インターナショナル株式会社」、その後商号変更）が提供されました。被害者はその宣伝されている製品を使用して肺疾患になっています。母と娘の両方が閉塞性細気管支炎による呼吸困難で身体障害者等級による種別３級の認定を受けています。

被害者は、製造業者と出版社とその特集に登場した「医学博士」である山ノ内慎一博士に対して損害賠償を求める裁判をおこして、最終的に製造業者「アダプトゲン製薬」（岐阜）は被害者に約７６００万円を支払い、主婦の友社と山ノ内慎一博士は和解金計６０００万円を支払うことで決着しました。

この事例には大切な教訓がいくつも含まれています。一つは野菜として調理して食べていて問題がないと思われる、食経験があるものであっても、食べ方が変われば健康に悪影響を与える可能性があるということです。同じ植物であっても、加熱調理された葉を他の食材と一緒に料理として食べることと、生のままジュースにして飲んだり粉末にして食べる場合では違うと考えなくてはいけません。調理や加工による物質の変化と量の違いにより、人体への影響は異なってくるという化学としては当たり前のことにすぎません。

もう一つは雑誌とそれに登場する「医学博士」の無責任さです。記事の内容も「博士」のコメントもあまりにもいいかげんです。体験談を捏造して記事を作って売ることが罪にならないというのも不思議ですが、「博士」のコメントにある「抗酸化作用」「新陳代謝を高め」「毒素が排出」という単語はまっとうに健康について研究している医学の世界ではまず使いません。これらの単語が出てきたら疑ったほうがいいというキーワードともいえますが、実際にはテレビや雑誌など各種メディアに溢れています。

そして判決文で「主婦の友社の行為は、あまめしば取材班のレポート記事としての形態をとりつつ、薬効のないものをあたかも薬効があるかのごとく記述し、実質的に根拠のない広告のため違法（薬事法68条違反、食品衛生法20条違反、不当景品類及び不当表示防止法4条1項違反）に加担するものである」と指摘されました。しかし、有罪とまではされず、雑誌『健康』は今でも刊行され続け、「医学博士」のほうはテレビに出演したり、「よく効く漢方と民間療法」や「クスリになる食べもの」といった類の書籍を出し続けています。

一方、製造に関わったアダプトゲン製薬については、同社は製品を委託されて袋詰めしただけで責任はないと主張しましたが認められず、重い責任があると判断されています。現在では商品の開発には製造から販売まで多数の会社が関わることがあり、特定の商品の製造を委託された企業が、その商品がどういうふうに宣伝されて販売されるのかを知らない場合もあるかもしれません。それでも製造物責任法による責任は製造業者にあります。

普通に食品として適量を適切な調理法で食べていれば特に問題のない商品を作っていても、それをどこかの宣伝会社から、普通でない食べ方で病気が治るなどの宣伝をして健康食品として売りましょう、と呼びかけられて喜んで乗っかったのかもしれません。しかし、健康被害が出たら、嘘情報を提供した人たちを罪に問うのは非常に難しいため、製造者が責任をとらされる可能性が高い、ということです。いわゆる健康食品の製造に関わるということはリスクが高いビジネスであるという認識が必要でしょう。

事例4——ウコンと昆布

いわゆる健康食品と関連した健康被害の事例はいろいろな植物や成分で世界中から報告されています。なかには、英語で発信される文献にはほとんどみられないのに、日本で健康被害が報告される代表的なものにウコンがあります。日本での症例報告は日本語のみで終わってしまい、英語で発表されて、ＰｕｂＭｅｄなどの世界的データベースに収載されることがあまりないので大きな話題にはなりませんが、薬剤師の勉強会などではしばしば話題になっています。日本語の医学文献情報データベースである医中誌（http://www.jamas.or.jp/）などを使うとウコンに関連した肝障害や皮膚障害がしばしば報告されています。

もともといわゆる健康食品による健康被害として、原因物質にかかわりなくもっとも多いのは肝障害です。これはヒトが口から食べたものを体内に取り込むときには肝臓が最初の関門として有害物質の解毒・代謝にかかわる臓器だからです。ヒトは毎日無数の化合物を摂取し、なかには人体にとってあまり好ましくないものも含まれます。

肝臓はグリコーゲンの貯蔵などのような栄養源となるものの代謝にもかかわりますが、一番重要な機能は異物を代謝することです。肝臓の細胞は、外から入ってきた必要ではないたいていの物質を代謝して、最終的には尿中に排泄できるような形に化学変化させます。肝臓が元気で働いているおかげで私たちはいろいろなものを美味しく食べても病気にならずにいられるのです。

たとえばなんらかの病気で医薬品を長期間飲んだ場合、肝臓は普通以上に働くことになり負荷が増えます。薬による肝障害はそれほど多くないとはいえ典型的な副作用の一つですので、長期にわたり薬物治療を受けている場合には定期的に肝機能の検査をします。

一般的にはアルコールによる肝障害がもっとも身近なものでしょう。健康診断の血液検査の肝機能に関する項目の数字が気になる人もいるでしょう。健康診断を受ける直前だけ禁酒してなんとか数値を正常値に近づけようとしている人もいるようです。あらゆる化合物を肝臓は代謝しようとするので、肝臓を休ませたかったら肝臓の負担になるものは飲食しない、ということが基本です。肝臓は再生能力が高く、休ませればある程度回復します。お酒の休肝日を設けましょう、とはよくいわれることです。

そこで問題になるのがウコンの宣伝のされかたです。ウコンはほぼ日本でのみ、肝臓にいいと宣伝されています。海外ではそのような宣伝はほとんどみかけません。いくつかの動物実験での研究論文があることはありますが、ヒトで肝障害予防に効くという信頼できる根拠はありません。そして日本はスパイスとしてのウコンではなく、健康食品として大量に輸入しています。

健康な人がたまにウコン製品を食べたとしても特に有害影響はないでしょう。しかし実際にウコン製品を使用している可能性が高いのは肝機能が心配な人たちです。特によく聞く事例は、健康診断などでお酒の飲み過ぎによる肝障害の可能性が指摘されて、お酒を控えるように、と指示されている人が、肝臓に良さそうだからという理由でウコン製品を使用し、お酒は控えない、あるいはウコンを飲んだのだから大丈夫と思ってむしろ多く飲む、という使い方です。これは肝臓にとって非常に困ります。

これはいわゆる健康食品の、負の側面を象徴する使い方で、肝機能が心配ならお酒を控えるしかないのです。効果のない健康食品を使うことで偽りの安心感を得てしまい、必要な対策をとらなくなるのです。医薬品による肝障害でも同様で、なんらかの持病により薬を常用している場合にはいわゆる健康食品は使用しないのが原則です。

実はウコンについて動物実験で肝障害の報告はありますし、ヒトでも多分肝毒性がある、という論文が発表されています。少し専門的になりますが紹介しましょう。

スパイスのウコンに含まれる化合物を、分析と文献検索により200同定し、それらの化合物の細菌での変異原性や動物での発がん性、肝毒性などについての情報を調べたところ200物質中184は毒素を生じる可能性があり、136物質は変異原性試験に陽性で64物質は肝毒性があることがわかった、というものです。

一方でウコンの主要成分とされ研究も多いクルクミンという化合物には変異原性や発がん性はありません。この研究はインドのスパイス業界が支援して行われたもので、主な目的はスパイスの中から役にたつ成分をみつけて開発しようとしたときに、変異原性や発がん性のあるものは予め排除することとです。

一つの植物から200の化合物、というのは特に多いわけではなく、実際はわからないものもっとあるでしょう。よく調べればどんな食品にも変異原性陽性や発がん性陽性の物質は含まれます。ウコンと一口にいってもその産地や加工により成分は違うだろうと予想されますが、いわゆる健康食品についてい個別にそのような情報が提供されることはほとんどありません。

普通の食品であれば毎日大量に食べることはないので細かいことまで気にしてもしょうがないのですが、いわゆる健康食品に肝毒性のあるものがそれなりに含まれているという情報は知っておいた方がいいでしょう。もっともそれ以前に、いわゆる健康食品にどのくらいその宣伝している成分が入っているのかも不明な場合が多いのですが。

もう一つ、ほぼ日本でのみ報告されている健康被害事例は、昆布製品に関連した甲状腺機能障害です。もともと海外では昆布をたべることはほぼなく、ごく一部で昆布をヨウ素サプリメントの原料として使っていることがある程度です。

昆布は食品の中では例外的にヨウ素含量が多く、日本人は世界でも珍しいヨウ素過剰摂取の国です。世界的にはヨウ素不足のほうが多いため、食塩にヨウ素を添加したりパンや牛乳にヨウ素添加をしたりといろいろな対策がされています。

昆布のヨウ素含量はとても多く、乾燥昆布を1グラム食べただけで海外の1日最大摂取量500マイクログラムの数倍になってしまうため、欧州では安全性の観点から販売できません。ヨウ素欠乏状態の人がヨウ素を急に大量摂取すると甲状腺機能に異常を来すからです。

日本人はずっとヨウ素が多い食生活を続けているため摂りすぎによる健康被害があまりないと説明されるものの摂りすぎによる健康被害は報告されています。昆布だしを使った料理を食べたことで摂りすぎになったという事例は報告されていませんが、昆布を材料にしたお茶などの健康食品では甲状腺機能障害との関連が報告されています。特に妊娠中や授乳中の昆布の過剰摂取は、赤ちゃんの健康に悪影響の可能性があります。

特定の健康食品というわけではありませんが、妊婦さんや乳幼児に対して和食が良いとか海藻が良いとかいう間違った食事指導が行われている事例も散見します。昆布に関しては健康食品だけでなく普通の食品としてもそれなりに注意すべきものです。

事例5——ピロリジジンアルカロイド

植物に天然に含まれる有毒成分の中にはキノコ中毒のようにに食べてすぐに影響が出るものもありますが有害影響が出るまでに時間がかかるため気がつきにくいものもあります。

海外で肝障害との関連が報告された植物がコンフリーです。コーカサス原産で、野菜として食用にしていた地域もあるようですが日本には明治時代に牧草として導入され、昭和40年代に健康に良いと宣伝されたために家庭菜園に広く普及したそうです。コーカサス地方には長寿の人が多いのでその人たちが食べているものに長寿の秘密があるに違いない、というロジックは他の食品の宣伝としてもよく聞く話です。実際には信頼できる記録がなく、データのある中では、日本人の平均寿命が世界でもトップクラスであることは間違いないのですが。

その健康によいとされるコンフリーの根の粉末サプリメントを常用、あるいは葉を食べて、肝静脈閉塞性疾患で死亡あるいは肝臓移植が必要になったという事例が米国やニュージーランドで報告されています。コンフリーにはピロリジジンアルカロイド（PA）と呼ばれるグループの化合物が含まれ、これらは動物で発がん性があり、ヒトでは肝障害の報告があります（アルカロイドは、植物に含まれるアルカリ性の化合物という意味）。

日本では食品安全委員会が評価を行い２００４年に厚生労働省が注意喚起をしています。このコンフリーの事例では健康食品として相当量を続けて食べたために明確な健康被害がでているものですが、実はかなり多くの植物がピロリジジンアルカロイドを持っています。これまで６０００以上の植物から３５０以上のピロリジジンアルカロイド類が同定されています。主な植物は、Fabaceae（マメ科）、Asteraceae（キク科）、Boraginaceae（ムラサキ科）ですがこれらのなかには私たちが普段目にしたり食べたりする植物があります。たとえばフキやフキノトウ、ツワブキなどです。

植物に有害物質が含まれることは別に珍しいことではなく、私たちが日頃食用としている野菜や果物はそのような有害物質を含まないか少ないものを選んでいるのですが、なかには少ないとはいえない量の有害物質を含むものもあるのです。幸いなことにこれまでわかっているピロリジジンアルカロイドの多い植物は毎日食べるようなものではないので、普通の食生活をしていて健康被害が出るようなことはまずありません。ただしコンフリーの例のように「健康食品」として毎日摂取するといった普通でないことをした場合には、目に見える健康影響があるかもしれません。

コンフリーの場合と同じようにピロリジジンアルカロイドによると考えられる健康被害が報告されたものにバターバー（フキ）というハーブ製品があります。欧州でハーブ医薬品として偏頭痛や花粉症の治療に使用され、肝障害の事例が報告されたため、2012年に英国医薬品庁MHRAは英国ハーブ業界に市場から製品を排除するように通知しています。日本でもこれを受けて厚生労働省が注意喚起をしています。

ピロリジジンアルカロイドを含む植物は多様なため、健康被害が出るほどではないにせよいろいろな食品からピロリジジンアルカロイドが検出されています。

比較的よく検出されている食品はハチミツです。ハチミツはミツバチがどの植物の蜜を集めるかによっていろいろなアルカロイドを含みます。ミツバチが蜜を集める花は食用植物の花とは限りませんしヒトに毒性があってもミツバチには関係のないことなので、ミツバチが集めたもの＝ヒトが食べて安全なもの、ではありません。

オーストラリアのパターソンズコース（Paterson's Curse）別名サルベーション・ジェーン（Salvation Jane）という花の蜜（エキウムハチミツ）などがピロリジジンアルカロイドを含むことが報告されています。そのためオーストラリア・ニュージーランド食品基準局（FSANZ）は消費者に対し、1日にスプーン2杯以上のエキウムハチミツを食べないように、と助言しています。ただ一種類の花の蜜だけからなるハチミツではなく、いろいろな花の蜜が混ざったハチミツなら有毒物質が大量に含まれる可能性は低くなります。ハチミツには他の植物由来毒素の混入や微生物汚染などのリスクがあるので、小さい子どもには食べさせないほうがいいと助言しています。

そして近年流行しているハーブティーからも検出されています。ハーブティーと一口にいってもその内容はさまざまで、どんな植物を使っているのかその実態はよくわかりません。しかし2013年にドイツ連邦リスク評価研究所（BfR）が発表した結果によると、カモミールティーからの検出量が特に多いとのことです。お茶の場合、特定のブランドの製品だけを毎日続けて飲む可能性があり、そういう条件では摂取量が多くなります。特にピロリジジンアルカロイドは、遺伝子に傷をつけるタイプの、放射線等と同じ種類の、遺伝毒性発がん性の可能性があるので乳幼児はあまり摂らないほうがいいのですが、小さい子どもや妊娠中・授乳中の母親の中にはお茶やコーヒーなどに含まれるカフェインを気にしてハーブティーを飲んでいる人がいるかもしれません。カフェインもまた植物アルカロイドの一種ですが、カフェインの知名度に比べてピロリジジンアルカロイドはあまり知られていません。せっかく健康に気を使ってカフェインのわずかな影響でも避けていたのに、それよりはるかにリスクの高いものを選択していた、という状況になっています。

ピロリジジンアルカロイドを含む植物を食用植物と間違えて採って食べてしまった、あるいは売っていたという事例も世界中で報告されています。報告されているのは一部だけでしょうから、実際には私たちは有毒成分を含むものを時には口にしている可能性があります。普通に市販されている野菜や果物を食べている人ではそれほど多くはないでしょうが、山菜や野草を食べるのが好きな人、雑穀やあまり大手流通にはのらないような野菜やハーブ製品を好む人、では摂取量が多いかもしれません。日本では食用と非食用の植物を間違えて売ってしまったというような事例は、大手スーパーマーケットのようなところよりも小規模の産地直売所などでよく見られます。

他に野生動物や家畜がピロリジジンアルカロイドを含む植物を食べて中毒になったという事例もあり、動物の飼料中にピロリジジンアルカロイドを含む植物が入らないよう基準を設定している場合もあります。

食品中のピロリジジンアルカロイドについてはドイツが精力的に研究を進めているので、ドイツのＢｆＲのＦＡＱとプレスリリースを紹介しましょう。

食品中ピロリジジンアルカロイド(ＰＡ)についてのＦＡＱ(よくある質問)から一部抜粋

●ＰＡの急性中毒事例は知られているか?

高用量では致死的肝不全につながる。動物では牧場のノボロギクを食べて中毒になる事例が知られている。ヒトではヘリオトロピウム（Heliotropium）やクロタラリア（Crotalaria）種の混じった小麦を食べたりいわゆるブッシュティーによる中毒事例が報告されている。

●ＰＡの慢性影響は何か?

ある種の不飽和ＰＡは遺伝毒性発がん性であることが動物実験で確認されている。ヒトでは確認された事例はない。動物では胎仔毒性もある。

●なぜ食品にPAが含まれるのか？

植物由来食品経由で食品に入る。たとえばハーブティー、シリアル、サラダ、ハチミツなど。アフガニスタンでは小麦にも汚染が報告されている。

●食品のPA規制値はあるか？

薬品と違って食品や飼料にPAの法的基準はない。

BfRは暫定的リスク評価を行い、各種食品からの遺伝毒性発がん性PAは可能な限り低くすべきだと結論している。慢性的に不飽和PAの一日摂取量は0・007マイクログラム/体重を超えないこと。国産ハチミツを平均的に食べる場合はこの量には到達しない。

●なぜPAの検出はそんなに難しいのか？

構造の多様性と濃度が低いことと食品を構成する成分が複雑であることが分析を難しくしている。現在信頼できる検出法があるのはほんのわずかのPAのみである。

●消費者にリスクはあるか？

ハチミツを食べることによる急性リスクはない。サラダについては注意が必要。

●PA汚染低減のために必要なことは？

特に子どもに大量のPAを食べさせないようにするための努力が必要で、賢明なのは混合ハチミツを使うことである。できるだけ食品からPA含有植物を排除し、PA含有植物を含むサプリメントや花粉の摂取は避けるべきである。野菜やハーブの栽培と収穫には注意する。

●ＰＡ汚染を最小化するために消費者ができることは？

サラダや葉物野菜やハーブに注意する。食用でない植物を排除する。特定地域のハチミツに注意。サプリメントに注意。動物由来食品にＰＡのリスクはない。

第3章

食品と医薬品の間に何があるの？

食品と医薬品の間にあるもの

前章までで、典型的な医薬品と典型的な食品の話をしました。しかしその中間に位置するものもあります。食品と医薬品の間（図11）にあるもののうち、比較的医薬品に近いものとして民間薬や伝統的治療薬として使われてきた、植物や動物成分などの天然物がありますの（巻末の参考表）。これらの中には、現在では有効成分が同定されていてそれを合成して医薬品として使用していたり、合成が難しいので薬用植物として栽培されている芥子《けし》のようなものもあります。日本では漢方薬として医薬品に分類されているものが代表的なものです。

しかし伝統薬として使用されてきたもののすべての薬効が確認されているわけではなく、伝統薬のままのものもたくさんあります。日本の場合「漢方薬」は医薬品に分類されていますが、カナダでは「ナチュラルヘルス製品」、オーストラリアでは「低リスク治療用品」、欧州では「伝統的医薬品」、といったように国により名称や分類が異なります。

いわゆる健康食品のうち、日本では食品に分類されているカプセル剤や錠剤などのサプリメントはこれらの国では一般食品ではなく「ナチュラルヘルス製品」や「低リスク治療用品」に分類されることがあります。

また日本では医師といえば一種類しかない国家資格の医師免許をもった人のことを指しま

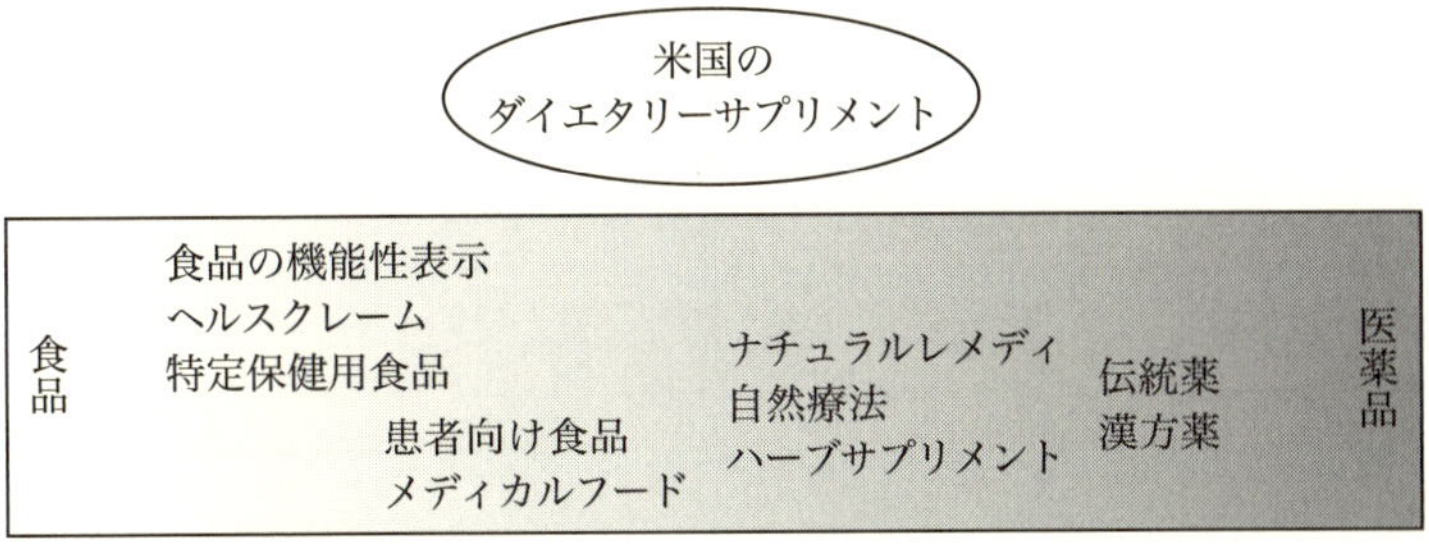

図11　食品と医薬品の間

すが、国や地方によっては伝統医療を提供する人たちを別途認定している場合があり、そのような「ドクター」が使う「治療薬」は一般の医薬品とは別の区分になっていることがあります。たとえば韓国には中国伝統医学から発展してできた韓医学があり現代医学とは別の資格で特有の生薬を使います。これらが日本に入ってきた場合、日本での「医薬品」やその他の規制対象薬物に該当しない場合には通常食品として扱われます。

　このような医薬品に近いものに分類されているものは普通は日常的に食べるようなものではなく、食べても美味しくなかったり（むしろ苦かったり食べにくかったり）一般的に栄養になるようなものではないことが多いのです。

　香辛料やハーブのようなものだとかなり食品に近くなります。欧州の一部で薬用の登録があるはちみつになると日本人にとっては普通の食品でしょう。いろいろなものがありますのでどこで線を引くか、というのはそれほど簡単ではありませんし、さらに各国の「伝統」が絡むので世界中の国で合意できる統一的線引きはできそうにありません。

食品と医薬品の区切りは、モノとしての違いは結構あいまいであっても、一度区別されればその法律上の扱いは大きく変わります。医薬品には品質基準などの従わなければならない事項が多くあり、違反すれば罰則もあります。食品にももちろん一定の守るべき規則はありますがその内容は医薬品とはまったく違うものです。この章では各国の分類について簡単に概観してみます。

日本の場合

私たち日本人にとって一番関係があるのはもちろん日本での区別で、「医薬品、医療機器等の品質、有効性及び安全性の確保等に関する法律（略称：医薬品医療機器等法）」の「食薬区分」が食品と医薬品の区分の目安を提示しています（巻末の参考表）。

この区分は主に成分によるもので形態はあまり重視されていません。たとえばセンナの葉は下剤として医薬品で使用されますが、センナの茎は食品です。これは有効成分であるセンノシドの含量が茎には少ないためですが、まったく含まれないわけではないため、大量に摂れば医薬品同様の効果が現れることがあります。実際、痩せる、お腹が引っ込むといった宣伝をしているいわゆる健康食品（茶）の中にはこのセンナの茎を使っているものがあります。そういうものを使うくらいならセンナを有効成分とする漢方の下剤の方がよほど効果が安定しますが、下剤は「痩せる」などという宣伝はしませんしできません。下剤で痩せるのは、電解質や栄養バランスを悪くして健康に悪影響を及ぼすことがあるので薦められません。

多くの西洋ハーブ等のサプリメントは錠剤やカプセル剤であっても食品に分類されていま す。

ただしこの区分は不変のものではなく、常に個別の項目は変更されていますので確認する場合は最新のものを見てください。たとえば「専ら医薬品」リストの3のその他（化学物質等）にある「脱N、N-ジメチルシブトラミン」や「ヒドロキシチオホモシルデナフィル」などは世界中のどこの国でも医薬品として使用されたことはありませんが、法律的に「医薬品」と分類することによってこれらを含むいわゆる健康食品を、違法薬物として取り締まることが可能になります。

日本では漢方薬などとして医薬品として使用されている生薬以外の各種ハーブ製品は食品扱いです。特定の疾患の治療や予防用の医薬品としてのビタミン製剤は医薬品ですが、特定の病気の治療用ではなく、漠然と健康のために、不足しがちな生活の人に、と宣伝されているマルチビタミンやミネラルサプリメントの類は食品に分類されます。ここで改めて強調しておきますが、日本では基本的に医薬品以外は食品なのです。

オーストラリアの場合

食品と医薬品の区別についての比較的わかりやすい識別ガイドラインを最近発表したのがオーストラリアのTGA（Therapeutic Goods Administration, オーストラリア保健省薬品医薬品行政局）です。治療用品（therapeutic goods）の定義は日本と類似し、疾患の診断や治療、予防を意図し、生理的機能に影響するもので、食品（これは食品基準が適用）と伝統的に食品として使用されてきたものを除く、となっています。

たとえば砕いたニンニクを瓶詰めにして「風邪の症状を緩和する」と書いてあった場合、その宣伝は疾患の治療効果を謳っているとみなすことができますが、伝統的にニンニクのすり下ろしを風邪のときに使っていたという歴史があるのでこれは食品とみなす、と判断しています。

一方、ニンニクの抽出物や濃縮物をカプセルや錠剤にして「風邪の症状緩和に」と効能を宣伝して販売すればそれは「医薬品」とみなす、ということです。家庭でニンニクカプセルを作って使う伝統はないからです。そのような判断のガイドラインが公開されています。

そして治療用品とみなされる場合にはTGAが評価してその製品を登録し製品には登録番号が表示されることになります。AUSTR（登録、registered）とAUSTL（リスト掲載、listed）の二種類の登録があり、AUSTRはハイリスク商品で、TGAが有効性と安全性を評価しています。これはほとんどが普通の意味での医薬品です。

ＡＵＳＴＬは低リスク商品で、ビタミンやミネラルなどのサプリメント、ハーブ医薬品、伝統医薬品（中国伝統医薬品やアーユルベーダ、西洋ハーブ、アボリジニーの伝統薬なども含む）、ホメオパシー（73ページ参照）、エッセンシャルオイルなどが含まれ、ＴＧＡが安全性を評価しています。補完医薬品（complementary medicine）の多くがここに含まれます。補完医薬品であってもリスクが高いと判断されたものはＡＵＳＴＲに分類されます。ＡＵＳＴＬについてはＴＧＡは簡単な安全性評価のみを行っている、というところが重要で、有効性についてはは基本的にはそれほど評価していません。ＴＧＡの判断基準はリスクが高いかどうかであり、伝統的治療薬であってもハイリスクとみなされれば通常の医薬品並みのデータが要求されます。

●問題点

オーストラリアでは２００３年に、当時オーストラリア最大の補完医薬品企業であった、シドニーにあるパンファーマシューティカルズ（Pan Pharmaceuticals）社の製品に、「品質と安全に深刻な懸念がある」ことが判明したとして約１６５０製品がリコールされるという事件がありました。この会社の製品のほとんどはＡＵＳＴＬ番号のものでした。製造施設を監査したところ、製造や品質管理方法に無数の欠陥があり、そのなかには品質管理データを系統的・意図的に改ざんしていたという非常に悪質なものもあったため、この会社の製造・販売するものすべてが信用できないとみなされたのです。パンファーマシューティカルズ社は

2005年に清算されました。

この事件がきっかけとなり、TGAによる規制が適切なのかどうかという疑問が大きくなったため、補完医薬品の規制についてレビュー（査閲）が行われ改善勧告が出されました。勧告内容はほぼすべて採用され、規制態勢は以前より改善した、はずでした。しかしその後も何度か行われた市販品の調査ではあまり良い結果にはなっていません。

2010年には補完医薬品は自己申告による簡単な規制であるにもかかわらず90％もの製品が規制を守っていないという調査結果が発表されています。2006年には75％が違反という報告があったので改善していないどころか悪化しています。31製品を無作為に抽出したところ、20製品は消費者を誤解させる表示、12製品は規則に定められたラベルの表示事項を守っていない、22製品には製造／品質上の問題がある、14製品には医薬品としての効能の適切な根拠がなかった、というものでした。自己申告した内容にすら従っていないというお粗末な状況で、このような事態は改善する必要がある、とTGAは保健・高齢化省から2011年に勧告されています。

規制があってもそれを守らないことが常態化している、あるいは違反を取り締まるだけの人やお金のようなリソースを与えられなければ実効性は期待できないのです。

カナダでは「ナチュラルヘルス製品」

カナダではビタミンやミネラルサプリメント、ハーブ製品やその他の植物をベースにした健康製品、中国伝統薬のような伝統的医薬品、ホメオパシー医薬品、プロバイオティクスや酵素製剤、天然成分を含む練り歯磨きや日焼け止めのような一部のパーソナルケア用品などをナチュラルヘルス製品（NHP）と分類しています。

これらを規制するナチュラルヘルス製品規制（Natural Health Products Regulations）は2004年に発効したため、それ以前は比較的野放し状態でした。そのため健康被害をもたらすようなものが販売されているのではないかという危惧が高くなって1997年以降、何らかの対策が必要だという議論を重ねてこの規制ができました。自然療法やアロマセラピーなどの代替療法を行っている人たちからの反対活動もあったのですが、悪質業者を排除することは業界全体にとっても必要なことだとして成立しています。

この規制の下では何より消費者の安全を確保するために、製品の品質と安全性に関する情報をカナダ保健省に通知し、販売許可を得て番号を表示しなければなりません。製品番号を認められた製品にはDIN（医薬品）、NPN（ナチュラルヘルス製品）、DIN-HM（ホメオパシー製品）、EN（除外）のそれぞれ8桁の番号が付与され、その番号でカナダ保健省のウェブサイト（http://www.hc-sc.gc.ca/dhp-mps/prodnatur/applications/licen-prod/lnhpd-bdpsnh-eng.php）を検索すると登録されている情報が確認できる仕組みになっています。

ナチュラルヘルス製品については医薬品ほど厳密な審査をすることはなく、最低限の安全基準を満たしていることを確認しています。効能効果の宣伝内容が軽いものなら要求されるデータの水準は低く、病気を治療できるといった主張だとより高水準なデータが要求されます。

製造業者にはGMP（Good Manufacturing Practice, 製造管理および品質管理に関する基準）が義務づけられており有害事象報告も義務です。カナダ保健省のウェブサイトから製品の番号と経験した有害事象（好ましくない反応なら何でも）を通知するだけなので、消費者も簡単にできます。

この制度が始まってからの申請に対する認可率は6～7割程度で、2012年の時点で5万5000以上の製品が販売認可されています。これはそれまで市場にあった製品を規制することによる消費者の選択肢の減少と、質の悪い製品を排除することによる安全性の確保の間の微妙なバランスを探った結果といえます。

●問題点

ナチュラルヘルス製品登録は製品の安全性確保が主な目的で、医薬品と違って有効性については評価していません。しかし同じような8桁の番号が表示されているので医薬品との明確な違いがわかりにくいのも事実です。このことにより問題がおこっています。

2015年5月に、カナダ小児科学会がカナダ保健省に対してナチュラルヘルス製品であるホメオパシー製品の効果効能表示に対して規制を強化すべきという声明を発表しました。ホメオパシーというのはサミュエル・ハーネマン（Samuel Hahnemann）博士（1755〜1843）が発展させた概念で、病気の原因となるものや病気の組織から得たものを実質的にはもとの物質がまったく残らないほど何回も希釈して作った治療薬で病気の治療ができるというものです。欧州文化圏では比較的よく知られていますが、たくさんの科学的検証試験が行われてプラセボ以上の効果はないことが確認されています。しかし代替療法として浸透していてヒト用だけではなく動物にも使われています。

このホメオパシー製品には、感染症を予防できると表示されて販売されているものがあるのです。カナダ小児科学会によると2015年5月時点でナチュラルヘルス製品として販売が認められているホメオパシー薬は179で、そのうち82の製品にはラベルに感染症が予防できると表示してあるのです。この表示にはまったく根拠がありません。カナダ小児科学会が問題だとしているのはこれらの製品が、子どもの健康にとって重要な予防接種を受けない風潮を助長しているからです。

カナダや米国では予防接種と自閉症の関連を示唆した報告（後に取り下げ）の発表以来、「反ワクチン」の声が大きくなっており、ワクチン拒否と関連する感染症の発生が時々報告されています。ワクチンを接種する小児科医は、ホメオパシーがあるからワクチンを拒否するという保護者を説得しなければいけません。効果があることが立証されている医薬品のワクチンと、効果がないことが立証されている（これは大切なことなので強調しますが、「効果がわからない」のではなく、「効かないことが明らか」にされているのです）ホメオパシー製品とが、同じラベルの文言で販売され、このことが消費者の誤解を招いている状況があるのです。

ホメオパシー製品そのものはただの砂糖玉あるいはただの水で、特に健康被害の原因となるような物質を含みません。したがって製品の組成から安全性を判断すれば「特に問題なし」になります。しかしそれが有効な治療法にとって代わられるとき、大きな問題になるのです。日本では2009年に、新生児の出血予防目的で投与されるビタミンK剤の代わりに、助産師がビタミンKと同じ効果を持つと主張したホメオパシーレメディを与えたことで、その女の子が生後2か月でビタミンK欠乏症による硬膜下血腫で死亡したという事件がありました。たとえ物質そのものとしては安全であっても、その使い方によっては危険なものになるのです。

欧州の場合

EU（欧州連合）ではビタミン、ミネラルは食品ですが食品サプリメント規制により使用できるビタミンやミネラルの種類や含量についての基準が定められています。食品サプリメントには指令（Directive 2002/46/EC）で指定されたビタミンやミネラル以外を使うことができません。

問題は伝統的に医薬品として使われていた各種ハーブ医薬品です。医薬品としての規格があるハーブ医薬品以外にも、多数のハーブ製品が流通していました。これら伝統的ハーブ医薬品（Traditional Herbal Medicinal Products）は、普通の医薬品と同等の有効性や安全性に関するデータはないものの、社会的・文化的に人々の生活に深く根づいているため、なくしてしまうことができません。しかし生理活性のある成分が含まれている場合もあり、品質上問題のあるものも流通していたりするので、消費者の安全確保のためには何らかの対策が必要になります。

そこで医薬品規制の中の「伝統的」ハーブ治療薬製品に対してはハーブ指令（Directive 2004/24/EC）により登録制とすることになりました。「伝統的」ハーブの定義としては、EU域内で最低15年を含む30年以上の使用歴があって、医師の指導によらずに使われるが注射ではないもの、となっています。カレンデュラ、エキナセア、エゾウコギ、アニスなどが代表的なものです。これらについては医薬品に分類するものの長い伝統的使用という特別な性質があるため簡単な登録方法により安全性試験や臨床試験なしに登録できます。ただし新しい研究などで安全上の問題点が明らかになった場合には追加のデータを要求することができます。

ハーブ指令はEU全体に適用されるものですが、「伝統的」ハーブ治療薬の登録は加盟国ごとです。ハーブ指令は２００４年3月31日に採択され、現在はすべての市販ハーブ治療製品が登録されているはずです。

このEU指令に基づき、英国ではMHRA（Medicines and Healthcare products Regulatory Agency，英国医薬品庁）が医薬品の規制当局で、伝統ハーブ登録（THR）制度を運用しています。伝統的使用歴に基づく安全性と品質の簡単なチェックを行って登録するとTHR番号を与えられますので、消費者は購入の際に製品のパッケージでその番号を確認します。登録されている製品のリストはウェブサイトで公開されています。もし購入した商品がこの登録内容と異なる効果効能宣伝をしていたら違法です。たいていは軽い症状の緩和程度の効能しか認められていません。

なお医薬品として完全規格の認可を得た製品にはPL（Product Licence）番号がついています。

またPLであろうとTHRであろうと、それらの製品を使用したことに関連して何らかの有害事象を経験した場合には個人でもイエローカード計画（医薬品の有害事象を報告するシステムの名称）のウェブサイトから報告することができます。

欧州の仕組みはまだ運用実績が長くないため、制度の実効性などについて判断するのはこれからでしょう。

米国ではダイエタリーサプリメント

米国のダイエタリーサプリメントは世界でもきわめて特殊な制度で、ダイエタリーサプリメント健康教育法（ＤＳＨＥＡ、Dietary Supplement Health and Education Act, 1994）によって規定されるもので食品でも医薬品でもなく、「ダイエタリーサプリメント」という分類です。ビタミン、ミネラル、アミノ酸など各種食品成分、ハーブ製品などで通常の食品とはみなされない形態で「ダイエタリーサプリメント」と明記されているものが該当します。

ダイエタリーサプリメントの安全性やその表示する効果については基本的に製造販売業者がその根拠を持っていればよく、ＦＤＡ（Food and Drug Administration, 米食品医薬品局）のレビューは必要ありません。一方で製品の販売禁止などを命令するには、その製品には許容できないリスクがあることをＦＤＡが証明しなければなりません。ＦＤＡの側から見ると、食品や医薬品の安全性についてはＦＤＡに権限と責任がありますが、ダイエタリーサプリメントについてはよほどのことがない限りＦＤＡに責任はない、ということです。

ダイエタリーサプリメントに使用できるのは食品成分であることが基本であり、食品として使用されたことがないものについては新規食品成分としてＦＤＡに事前に通知し、ＦＤＡからの異議がなければ使用できるという決まりはありますが、数万を超える市販ダイエタリーサプリメントのうちＦＤＡに適切な通知があったのは２０１２年の時点でたった１７０と報告されています。このことは安全性に関する保証はまったくないとみなしたほうがいいことを意味します。

ＤＳＨＥＡはサプリメント製造業界からの強力なロビー活動により、「私たちが食べるものを自由に選べないなんておかしい」と消費者の感情に訴え、「情報を与えられた」消費者には政府の保護は必要ないと議会に結論させることに成功して成立した法律です。法律を作ることに熱心だったトム・ハーキン（Tom Harkin）上院議員がそのことで企業から現金をもらっていたなどのスキャンダルが後に発覚していますが、単純にロビー活動だけでできたわけではないでしょう。１９８０年代から１９９０年代にかけては、ビタミン剤を摂ることで病気が予防できたり長生きできたりするのではないかという期待が、研究者の間で大きかった時代でした。抗酸化ビタミンの代表的なものであるビタミンＥやビタミンＡが培養細胞や動物実験で多くのメリットが示され、大規模臨床試験が次々に計画され実施されました。

喫煙が肺がんの原因になるだろうということは確実だったので、その喫煙による害を抗酸化ビタミンで減らせるのではないかと期待されました。タバコの煙は肺の細胞を傷つけますし、培養細胞を傷つけた場合の有害影響が抗酸化ビタミンで抑制されるといったデータがたくさんあったのです。そしてビタミンが不足している人の健康状態はビタミンを与えることで良くなります。

これらの「科学的根拠」はしっかりした信頼できるものでした。あとはヒトで確認できれば完璧だったのです。ヒトでの試験結果を待たずに、ビタミン剤を常用し始めている医師や研究者は結構いました。フィンランドで1985年から1986年に開始されたαトコフェロール（ビタミンE）・βカロテンがん予防研究（ATBC研究）の結果が1994年に発表され、米国ではカロテンとレチノールの有効性試験（CARET）の予備研究が1985年から始まっていて終了したのが1996年です。DSHEAは、まさにそのサプリメントへの期待がもっとも高かった時代に、健康状態を良くし医療費を減らせるだろうと宣伝されて成立したのです。

しかしATBCとCARETの二つの研究は、最初の期待とはまったく逆に、ビタミンAが喫煙者の肺がんを有意に増加させるということを明らかにした衝撃的なものでした。ATBC研究とCARET研究の発表後もビタミン剤によるがん予防に関する臨床研究が続々と報告され、その多くが残念な結果だったため、2000年代初めには研究者の間ではビタミンサプリメントへの期待はほぼ完全になくなりました。しかし法律とそのおかげで栄えた業界は、すでに科学的事実だけで覆すには大きくなりすぎてしまっていたようです。

安全性に対する保証のないダイエタリーサプリメントがたくさんの問題を引き起こし、もっと厳しく規制すべきだという要請が大きくなり、FDAは2007年にダイエタリーサプリメント製造業者にGMP（Good Manufacturing Practices, 製造品質管理基準）を求める最終規則を発表しました。GMPは、もともとは医薬品の安全性と品質の確保のために開発されたシステムですが、その後適用範囲が拡大しています。原材料段階から最終製品に至るまで、間違いを減らし誰がやっても高品質を維持できるようにハードとソフトの両面を整えることが要求されます。これだけで製品そのものの安全性を直接保証できるものではありませんが、FDAはGMPの査察やその違反の指摘という形でダイエタリーサプリメント製造業者に指導をする手段が増えました。ダイエタリーサプリメントGMPが義務化されてからFDAによるダイエタリーサプリメント業者への指導件数は大きく増えています。

米国のDSHEAに対する批判は主に公衆衛生の専門家から、数え切れないほどされています。特に大きな問題は、危険な成分が使われているという情報があってそれが確認されていても、実際に人間が健康被害にあわなければFDAには規制の権限がない、というところでしょう。エフェドラの事例（110ページ）とアカシアのBMPEAの事例（115ページ）が典型的です。危険なダイエタリーサプリメントに販売禁止命令を出すには複数の死体（!）が必要、というわけです。消費者は限られた（偏った）情報から判断せざるをえないので、コンシューマーリポートのような消費者団体は基本的にはダイエタリーサプリメントを薦めないという立場をとっています。

ダイエタリーサプリメント大国米国でおこったこと

米国では1994年のDSHEA法後にダイエタリーサプリメントの売り上げが増加し、たくさんの人がサプリメントを使うようになりました。もっとも広く使われているのはビタミンやミネラル類です。その結果としてどういうことがおこっているのでしょうか。

●サプリメント使用者の増加

米国政府の機関であるダイエタリーサプリメントオフィス（ODS）がマルチビタミン・ミネラルサプリメント（MVM）についてのファクトシート（かんたんな説明）をまとめているので紹介します。2003年〜2006年の国民健康栄養調査（NHANES）によると一か月以内にMVMを使用したことのある人は50代だと40％以上、1〜3歳でも25％以上となっています。MVMを使用している人はビタミン類が不足していることはなく、食生活が問題で栄養不良となっている、MVMのメリットがあるはずの集団が使用していないという結果になっています。

さらにMVMを使用している人の中でも、不足している成分ではなく十分摂取している成分のMVMを使用していて、結果的にはサプリメントによるメリットはほとんどないとのことです。これは健康を気にしてサプリメントを購入するような人たちが栄養不良であることはほとんどなく、日常的な食生活でビタミンやミネラルのことなど気にもかけないような人たちはサプリメントをわざわざ購入しないということで、ある意味当然です。だからこそ公衆衛生政策としてビタミンやミネラルの添加を行う場合には、パンへの葉酸添加や食塩へのヨウ素強化のような、特に意識しなくても必要な人たちに届くように設計するのです。

必須ビタミンやミネラル類は、不足したことによる病気や健康状態の悪さに対しては明確に効果がありますが、必要な量を摂れている場合にはそれ以上を摂っても「ますます健康になる」ことはなく、過剰摂取による有害影響すらあるのです。症状のない人で何らかのビタミンやミネラルの摂取量が不足しているかどうかを知るには血液検査などが必要となります。一般人に対して定期的にＭＶＭを摂取することを薦めている保健機関や団体はありません。

重要なことはサプリメントを摂ることが、多様な食品からなる健康的な食生活の代わりにはならないということです。もしもＭＶＭを摂ることで、普段の食生活を疎かにしてもいいと考えるとしたら、それはサプリメントによる負の影響といえます。

これは主に米国での状況ですが、世界的にも先進国でビタミン類に特別の価値をおいていることには疑問が出されています。アナルズ・オブ・インターナル・メディシン（Annals of Internal Medicine）の２０１３年の論説で、サプリメントに無駄金を費やすのは止めよう、と訴えています。ビタミンやミネラルについての研究は数多く行われてきたものの、明確なメリットはこれまで証明されていないからです。そのため欧州ではすでに使用者が減少しています。ＭＶＭは、妊婦への葉酸などのすでに確立されたもの以外に、一部の人たちにとって有用である可能性はあるものの、そうなるともはや医療そのものでしょう。

●薬物誘発性肝障害の増加

ビタミンやミネラル類と違って、死亡などのような重大な被害につながることがよくあるのがいわゆるハーブダイエタリーサプリメントです。植物が成分ですが、内容物がわかりません。たとえ食品として食べられている植物であっても、食品とは違う形態で食品とは違う量を食べれば、健康被害の原因となる可能性が高くなります。

さらにハーブダイエタリーサプリメントと称して販売されているものの中には実際には合成薬物を含むものが相当あることが報告されています。口から摂取した物質は通常一番先に肝臓で処理されるので、有害物質による健康被害としては肝障害がもっともおこりやすいのです。普通の食品にも有害物質は微量含まれますが、一定量以下なら肝臓で代謝することができます。しかし一定量を超えると処理がおいつかず肝機能障害となります。人々にもっとも多く摂取されている典型的な有害物質はエタノール（お酒のこと）でしょう。長期服用する医薬品でも肝障害の副作用があるものがあり、そのため医師が注意をしながら使うことになります。

ハーブダイエタリーサプリメントや健康食品による肝障害は近年増加しています。米国のいくつかの病院で作る薬物誘発性肝障害ネットワーク（ＤＩＬＩＮ）が２００４年から２０１３年の間にネットワーク参加病院で把握した肝障害の事例が発表されています。全部で８３９症例のうち、ハーブダイエタリーサプリメントによると考えられるものが１３０例と15・5％を占め、２００４年から２０１３年の間に7％から20％に増加しています。特に原因として多いのがボディビルディング目的で使われたダイエタリーサプリメントです。筋肉増強用に男性が使うサプリメントの健康被害は持続する黄だんなどが多く、筋肉増強用ではないハーブサプリメントは減量用などで、死亡や肝臓移植といった重症例が多いという結果でした。

ダイエタリーサプリメントは医薬品と相互作用するものもあるのに患者が医師に伝えないことが多いことも問題になっています。問診時にはダイエタリーサプリメントの使用の有無を尋ねるように、という助言がたびたび出されています。

結論として、米国ではダイエタリーサプリメントの使用増による健康上の良い影響ははっきりとせず、健康被害はある、といえるでしょう。

海外から入ってくる食品で気をつけること

このように、現在先進国ではビタミンやミネラル、ハーブなどのサプリメントは一般食品とは別のカテゴリーで規制されている事例が多いことがわかります。米国を除き、多くの国で食品や医薬品の安全性に責任のある当局は、サプリメント類を購入する場合は登録番号を確認して番号がついていないものは購入しないように、と消費者に注意を呼びかけています。米ＦＤＡはダイエタリーサプリメントは安全性も有効性も評価していないので購入は慎重に、と呼びかけています。この場合、消費者はダイエタリーサプリメントと表示してあるものに気をつければいいということになります。

これらの製品が日本に入ってくる場合には食品として販売される事例が多いと予想されます。特に問題となる可能性が高いのは米国のダイエタリーサプリメントです。米国内では必須の「ダイエタリーサプリメント」という表示は日本では必須ではなくなってしまい、たとえ「ダイエタリーサプリメント」と表示してあったとしても多くの日本人にはその意味はわからないでしょう。もちろん日本国内で販売するためには日本の食品衛生法に従う必要はありますが、食品衛生法では「植物成分と偽装されたありとあらゆる有害物質が含まれるかもしれない錠剤」など想定していません。

欧州では、これまで食経験のないものについては、たとえ世界のどこかで長年食べられてきた食品であっても販売には安全性に関するデータを提出して評価を受けて認可される必要があるという規制があるので、米国のダイエタリーサプリメント業者がつけいる隙はあまりありません。

こうした各国の仕組みは、紹介したように、昔からずっとそうだったわけではなく比較的最近整備されてきたもので、今後も変わっていく可能性があります。米国以外の国でサプリメントやハーブ製品の規制が強化されてきた理由は、それらによる健康被害の懸念が時代とともに大きくなってきたためです。背景には先進国における補完・代替医療や病院に行かずに市販薬で対処するセルフメディケーションへの関心の高まりがあります。どのような仕組みがその国の国民にとって最良なのかは国によって違うでしょうし社会も変化するので簡単

表2　海外の死亡事例で検出された主な物質等

健康被害	主な検出物質
肝臓障害	ブラックコホシュ(植物)，ニメスリド
循環器障害	エフェドリンアルカロイド，シネフリン，シブトラミン，1,3-ジメチルアミルアミン(DMAA)
低血糖	グリベンクラミド
その他(複数症状等)	デキサメタゾン，ジクロフェナックナトリウム，メトカルバモール，フェニルブタゾン，クロルフェニラミン，フェンフルラミン，プロプラノロール

報告機関が異なるが内容の重複はあり，因果関係が確立されていないものも含む．

にどれが良いとはいえませんが、社会の仕組みは人間が作るものなので状況にあわせて変えていくべきでしょう。

今の時代はインターネットなどを介して制度の異なる海外の製品が、それを知らない消費者でも簡単に手に入れることができます。そのような、各国の規制に適合しないいわゆる健康食品による健康被害はこれまで数多く報告され、死亡例もあることを知って、十分警戒しなくてはいけません。

これまで海外で死亡事例を出してきたサプリメント類について、検出された主な物質と複数の国で対応がとられた事例を示します（表2、表3）。

ここで米国と英国のサプリメント類に関する消費者向けの助言を紹介しましょう。日本も含めて、健康を守るための役割をもつ当局は、国民にこの手のものは薦めないだけではなく、注意を呼びかけているのです。

●英国：誰がサプリメントを必要としているのか？

表3　複数国で対応がとられた主な事例

分類	検出物質/植物/製品	含有製品の用途	健康被害
合成物質	シルデナフィル及びその類似化合物	性機能増強	循環器障害
	シブトラミン	痩身	循環器障害
	グリベンクラミド	性機能増強 中国伝統医薬品	低血糖
	1,3-ジメチルアミルアミン(DMAA)	痩身，筋肉増強，興奮作用	循環器，神経障害他
植物(活性成分)	エフェドラ (成分：エフェドリンアルカロイド)	痩身，興奮作用	循環器障害
	ビターオレンジ(成分：シネフリン)	痩身	循環器障害
	コンフリー (成分：ピロリジジンアルカロイド)	健康増進	肝臓障害
	カバカバ(成分：カバラクトン)	不眠改善，鎮静	肝臓障害
	シキミ(成分：アニサチン)	(スターアニスへの混入)	神経障害
	ウマノスズクサ科植物 (成分：アリストロキア酸)	痩身，中国伝統医薬品	腎臓障害
	ブラックコホシュ	更年期障害緩和	肝臓障害
	ビターアプリコットカーネル (成分：青酸配糖体アミグダリン)	抗がん作用	シアン化物中毒
製品	「ハイドロキシカット」(成分不明)	痩身	肝臓障害
	「ミラクルミネラル」 (成分：亜塩素酸ナトリウム)	様々な疾患治療	消化器，呼吸器障害他
	カフェイン高含有エネルギードリンク	覚醒作用	興奮，不眠，(多量飲酒)

・妊娠を予定している女性にとって葉酸
・高齢者や肌の色の濃いイスラム教徒、授乳中や妊娠中および6か月未満の子どもにとってビタミンD
・医師から処方された人

それ以外の人は必要ない。

・ビタミンCや亜鉛が風邪を予防するという根拠はない
・グルコサミンやコンドロイチン硫酸に関節への効果はない
・朝鮮人参やイチョウが高齢者に有用だという根拠はない、しかし有害影響はあり得る
・どうしても使用したければ十分な情報を得て、医師に相談してから

●詐欺を見破るための6つの方法(FDAより)

・一つで何にでも効く：そんなに都合の良いものはまずない
・個人の体験談：科学的根拠がないことを白状している
・簡単に問題が解決できる：たとえば食事制限や運動なしで痩せられるなど
・オールナチュラル：天然物が安全とは限らない
・魔法の治療法：革新的や新発見という用語には警戒
・陰謀論：医薬品業界や政府が情報を隠している、という主張は消費者に不信を抱かせ（業者にとって都合の悪い）正しい情報から遠ざけるために使われる

いわゆる健康食品による健康被害の事例

ここから具体的な事例を紹介していきます。

事例1――マヌカハニー

ハチミツは基本的に糖が主な成分で栄養学的には砂糖と大差ないにもかかわらず、健康に良いといった宣伝があったり値段が高いものから安いものまでバラバラだったりする非常に面白い食品です。品質に関する明確な定義や基準がないのに高値で取引されるものがあるため食品偽装の標的となりやすいものです。

そのハチミツの中でも特に高値がつくものにマヌカハチミツ（マヌカハニー）があります。ニュージーランドだけに自生するマヌカの木（Leptospermum scoparium）の蜜を集めたもので、先住民のマオリ族がこの木を薬用に使っていたという伝承があり、マヌカハチミツに薬効、特に抗菌作用があるとされて珍重されています。ほとんどのハチミツには水分活性が低いという性質とペルオキシドが含まれるため幾分かの抗菌作用がありますが、マヌカハチミツがもつ抗菌作用の正体としてメチルグリオキサールという化合物が同定されていました（90ページの図12）。

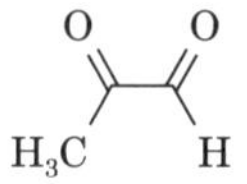

メチルグリオキサール
図12

メチルグリオキサールは比較的簡単な化合物で遺伝毒性試験では陽性です。つまり遺伝子に傷をつける作用がありますので、たとえ抗菌作用があっても安全性に問題ありとされて認可されないのでそれを医薬品や食品添加物として開発することはしません。とはいえ実はこれは単純な生体分子の反応であるメイラード反応によっても生じ、いろいろな食品中に存在し人体の中でもできてしまうので普通に生活していれば常に一定量の暴露はあります。糖尿病などで増えるとされる終末糖化産物（advanced glycation end products, AGE）にも分類されていて、具体的なヒトへの有害影響がわかっているわけではありませんが、大量に摂ることは良くないと考えられています。

ところがこの「好ましくない物質」が、マヌカハニーに入っているときには多ければ多いほど抗菌活性が強いので良いというふうに宣伝されているのです。

マヌカハニー製品にはいろいろな数字や言葉が表示されていることがあります。ニュージーランドの研究者が提唱しているユニークマヌカファクター（UMF）、その発展系のモランゴールドスタンダード（Molan Gold Standard, MGS）、ドイツの研究者が提唱しているメチルグリオキサール含量を示すMGO、さらにアクティブやストロングなどがラベルに書いてあることがあります。これらについては業界の合意がなくそれぞれが勝手な主張をしているため、市場は混乱しています。しかしマヌカハニーが高く売れるのは事実でありニュージーランドの主要輸出品でもあったので、ニュージーランド一次産業省がマヌカハニーの定義と表示基準の整備をすることになりました。そして提案されたのが２０１３年と比較的最近のことでした。

しかし、この定義はそれほど簡単ではなかったのです。

最終的に提案された定義は「マヌカハニーはマヌカの木の蜜のハチミツである」です。当たり前のことを、と思われるかもしれませんが、マヌカハニーのメチルグリオキサールはマヌカの木のジヒドロキシアセトンから作られるもので、マヌカの木のジヒドロキシアセトン含量は木によって相当異なるため、マヌカの木の蜜であってもメチルグリオキサールをほとんど含まない、他の種類のハチミツと同じものがある、ということです。

そうなると抗菌活性が高いからホンモノのマヌカハニーだ、抗菌活性が低いから偽物だ、というような真正性の判断は不可能だということになります。さらに、それではマヌカハニーのプレミア価格は何を根拠につけられているのか？という疑問も生じます。食品としては「マヌカハニーはマヌカの木の蜜のハチミツである」で十分ですが、抗菌作用を付加価値だとみなして高いお金を払っている人にとっては納得できないかもしれません。とはいえマヌカハニーに宣伝されているいろいろな効果効能は科学的に立証されているわけではなく、それがいろいろな方法で測定された「抗菌活性」やメチルグリオキサールの含量に関連するものかどうかすらわかっていません。

商品の表示は消費者を誤解させるようなものであってはならない、というのはものを売る場合の基本ルールですから、一次産業省が産業振興を目的とする省庁であっても虚偽表示を認めるわけにはいきません。そんなことをすれば信用を失います。マヌカハニーについては、病気の治療宣伝をしてはならない、抗菌活性の表示は治療宣伝でありそれは認められない、そしてメチルグリオキサール含量の表示はそれが事実であって抗菌作用を主張しない限り認められる、という普通の食品と同じルールが提案されました。ハチミツかどうかは別に定義があり、マヌカハニーはもちろんハチミツの定義を満たしています。

この事例は食品と医薬品の違いを明確に際だたせるものです。マヌカハニーがそれに含まれるメチルグリオキサールが有効成分である医薬品だと考えるのであれば――つまり「機能性」が本質であると想定するならば、有効成分とされる物質の量を基準に定義するのが合理的でしょう。つまり100グラムあたりxミリグラムのメチルグリオキサールを含むハチミツを（他のハチミツとは違う）マヌカハチミツと定義する、といった形になるはずです。もっともそれならメチルグリオキサールそのものを合成して純品として使った方がいい、ということになります。これは漢方薬の有効成分を同定して医薬品とした、エフェドリン（209ページ参照）のようなものに類似します。しかしマヌカハニーにはそこまでの「機能性」は立証されていません。むしろなさそうです。したがって食品として定義すると「マヌカの木の蜜のハチミツである」ということしかありません。食品の場合、みかんの木になる実はそれがどんなに酸っぱくても甘くても、つまり成分が相当違っていても「みかん」です。

このような一連の議論を見てきたニュージーランドの消費者団体はマヌカハニー業界に対して不信感を表明しています。

もともと高値で販売されているマヌカハニーに、表示されている「抗菌活性」がないという商品検査結果や、ニセのマヌカハニーやブレンドのマヌカハニーがいろいろな値段で流通しているという状況があって（ハチミツはオリーブ油と並んで偽装品が多いことで有名）、有効成分とされるものの量が本物であってもバラバラで、本物かどうかを確認する方法がないということが明らかにされたのです。しかも国はマヌカハニーに抗菌活性など根拠のない病気の治療効果について宣伝をしないようにといっているのに、宣伝はなくならないどころか店舗やメディアに溢れています。この状況は消費者が、実際にはそれだけの価値のないものに高いお金を出すリスクが高いということです。ガイドラインを遵守すればできないはずの宣伝が実際には溢れている、というのはいわゆる健康食品業界ではよくある光景です。

なお医療用のマヌカハニーはメディハニー（Medihoney）という製品で、傷ついた皮膚などに使用する外用です。食べるものではありません。日本では販売されていませんが傷のラッピング用の医療用品は新しい優れたものが開発されていますので、いまさらハチミツを使う必要はないでしょう。

事例2――中国伝統薬中アリストロキア酸によるがん

アリストロキア酸はウマノスズクサ（Aristolochia）という植物の仲間に含まれる物質で、生薬《しょうやく》名としては馬頭鈴《ばとうれい》などがあります。中国では伝統薬として長く使用されてきました。この物質についての警告は1990年代にベルギーで数十人の女性が重症腎不全になったことが医学雑誌『ランセット』に報告されており、その後ドナウ川流域で雑草としてのウマノスズクサの種子が穀物に混入して腎障害が発生したことが報告されています（バルカン腎症）。

穀物への雑草の種の混入による健康被害事例はウマノスズクサ以外にもよくあり、ナス科のアルカロイド（植物に含まれるアルカリ性の化合物という意味）がよく検出されています。雑草の管理がよくされていない場合や雑穀としていろいろな種子が混入していても識別しにくい場合にはリスクが高くなります。流通する穀物の品質管理が向上しているので、現在圧倒的に多いのは、オーガニック製品です。

アリストロキア酸を含む植物は、2001年には米国FDAが、2003年までには台湾を含む中国文化圏でも使用が禁止されました。国際がん研究機関（IARC）はアリストロキア酸をヒトに対して発がん性がある物質（グループ1）と分類しています。台湾では上部尿路がんの発症率が世界でもっとも高く、これが中国伝統薬の日常的使用と関連する可能性がある、ということが2012年に米国科学誌PNASに報告されています（図13）。

台湾の事例はやや特殊で、いわゆる漢方処方というのは一般的に複数の生薬を一定の割合

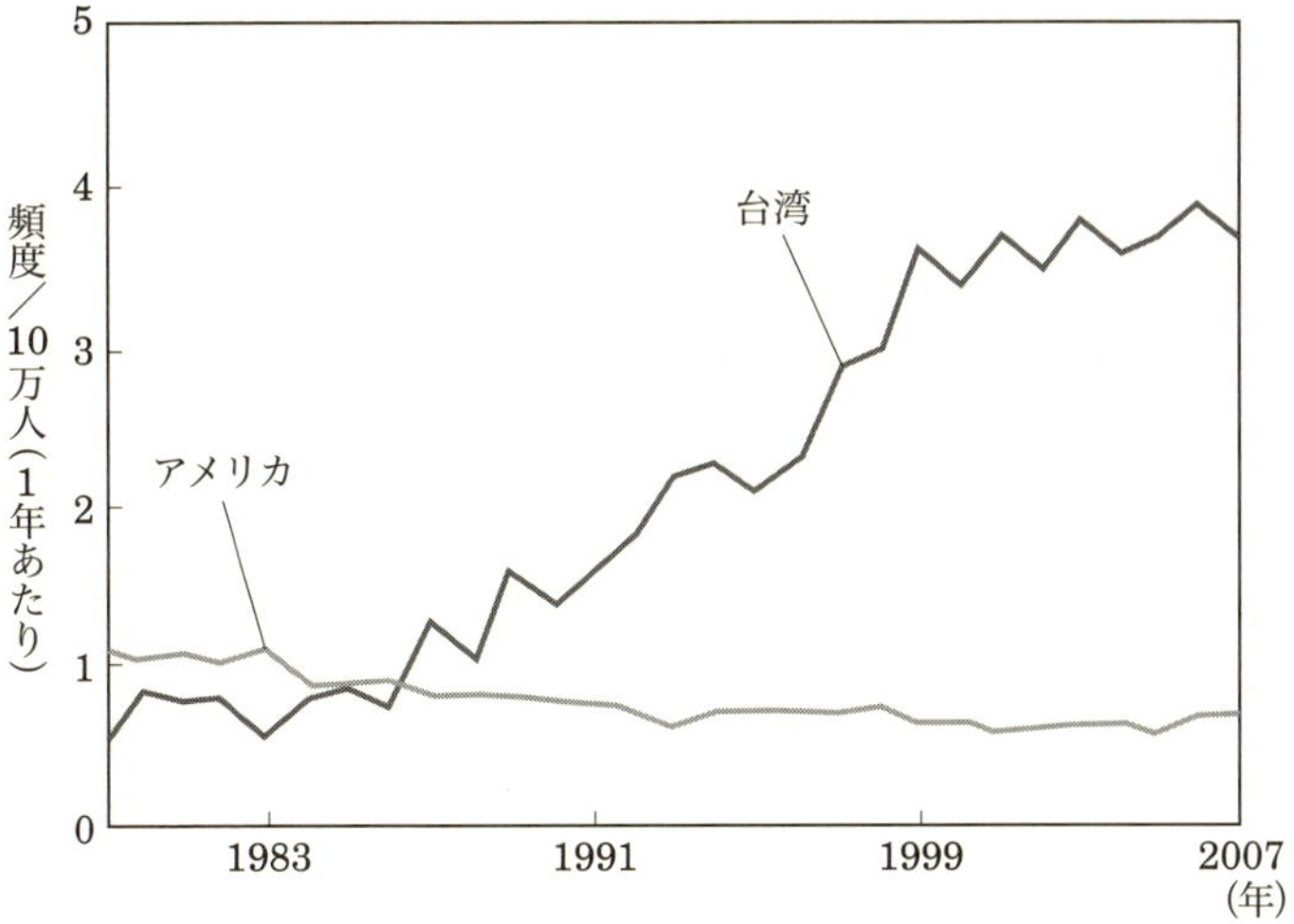

図13 天然物のがんリスクの例．台湾における上部尿路がんの年齢調整頻度
(Aristolochic acid-associated urothelial cancer in Taiwan Chung-Hsin Chen et al., www.pnas.org/cgi/doi/10.1073/pnas.1119920109)

で混ぜて使います。その処方が、時代により代わることがあり、台湾では１９３０年代から２００３年まで、アリストロキア酸を含む植物が別の植物の代わりに使われていました。このため１９８０年代になって急激に上部尿路がんの発症率が増加しています。

がんの場合、発がん物質を摂ってからがんになるまで時間がかかるのでこのくらいの時間差となります。ある研究では１９９７年から２００３年の間に台湾人の１／３がウマノスズクサを含む中国伝統薬を中国伝統医療を行う医師から処方されていました。そして実際にがん患者のがん細胞の遺伝子に、アリストロキア酸によると考えられる変異が見つかっています。

台湾でもいわゆる伝統薬は近代的西洋薬より気軽に使われています。いわゆる西洋薬なら医師の診察により処方され、経過を観察しながら使用量を調節します。医師には副作用の兆候があればそれを見逃さないように注意を払う義務があります。ところが伝統薬の場合はそこまで警戒することなく、病院に行くほどではないちょっとした不定愁訴（気分の落ち込みやいらいら、寝付きが悪い、などの多様な症状）のような症状でもとりあえず使う場合があるようです。

効果が出るまでには時間がかかると説明される場合もあり、長期間、漫然と使用する場合があります。天然だから安全という誤解によって子どもにも長期にわたって与えることがあります。このようなことが積み重なって摂取量が多くなります。そしてがんのような影響の場合、それが明確になるには数十年という時間がかかるので、平均寿命が相当短かった過去の時代の経験はあまりあてになりません。漢方薬の古典といわれる『神農本草経』が書かれたのは二千年前といわれますが、その時代の人たちにとって発症までに40～50年かかるがんが重大な副作用として認識できたでしょうか。たとえ副作用が原因で病気になったとしてもそれが複合成分を含む処方のうちの一成分による腎臓のがんであることがわかったでしょうか。平均寿命が40～50年くらいで、60歳を過ぎたらそれはとてもおめでたいことだからお祝いしましょう、という時代はそんなに古いことではないのです。使用してきた伝統がいくら長くても、発がん性のような影響については何の保証にもなりません。

　そして世界的に共通して使用されているいわゆる西洋医薬品の場合は、世界中のどこかで重篤な副作用があるという情報があれば、共有する仕組みができています。ところがある国では伝統薬であり別の国では珍しいハーブであり時には食品として販売されている漢方薬や伝統薬のようなものについては、販売する人には危害情報を伝える義務もなければ副作用について被害者に補償する制度もありません。実際、これほど明確な警告が出されているにもかかわらず、アリストロキア酸を含む植物を使ったサプリメントや「中国本場の漢方薬」がネットなどで販売され続けています。

事例3——エキナセア（欧州では伝統薬）のアレルギー警告

　エキナセア（Echinacea purpurea）は欧米ではよく使われるハーブの一種で、和名はムラサキバレンギク、多年草で毎年花を咲かせるので園芸用としても人気があります。風邪の予防や症状の緩和に有効だという宣伝でハーブティーやサプリメントなどが販売されています。英国の伝統欧州では伝統ハーブ治療薬に分類される錠剤やカプセル剤が販売されています。英国の伝統ハーブ治療薬登録にも収載されている製品があります。

　このハーブについては、２０１１年にアイルランドでヨーロッパハーブ医薬品指令を履行したことをきっかけに、アイルランド医薬品審査委員会がエキナセアの有効性と安全性に関する文献を確認しました。しかし、2012年に有効性についての根拠がほとんどなく、その一方でアレルギーなどのまれではあるが重大な副作用があることがわかったため、12歳以下の子どもには使わないようにという助言を発表しました。

また欧州レベルで評価をしているヨーロッパハーブ医薬品製品委員会（HMPC）と英国ハーブ医薬品助言委員会（HMAC）の評価も同様であったため英国医薬品庁（MHRA）も2012年に12歳以下の子どもには使うべきではないと決定し、注意喚起のためのプレスリリースを行うと同時に登録されているエキナセア製品のラベルの改訂（子ども用には使用しないこととアレルギーの危険性についての警告表示）を指示しました。メリットよりデメリットの方が大きいからです。成人については、警告を与えた上で、それでも使いたい場合には使えばいいということになります。

エキナセアの有効性についてはいくつかの研究が行われてはいるものの明確な効果は確認されておらず、医薬品の有効性についての系統的レビューを行っているコクランレビューでは「エキナセア製品は、一部の製品に少しのメリットがある可能性はあるが風邪の治療にメリットがあることは示されていない。個別の予防効果をみる試験では一貫して（有意ではなくとも）何らかの有効性が報告される傾向があるが、臨床上効果があるかどうかは疑問である」と結論しています。

また他の医薬品との相互作用があるため、医薬品と同時に使用しないようにと報告しています。これはハーブ医薬品やサプリメント全般についていえることです。

さてここまでは、よくある欧州でのハーブ治療薬の見直しのプロセスでおこる一つの事例ですが、問題はこのエキナセアを日本で地域振興として売り出しているところがある、ということです。

特定の企業が立証されていない効果効能を宣伝して商品を販売しているという事例はいくらでもありますが、地方自治体のような公的立場で、産学協同の名目で大学の研究者も一緒になってエキナセア製品を食品として販売して利益を上げようという事業が行われているのです。大学の支援といっても簡単な実験データを出しているだけです。エキナセアの抽出物の一部に抗ウイルス活性があるという研究は世界中で報告されていますが、そのようなデータはヒトでの風邪予防や治療効果の根拠にはなりません。病気の治療や予防効果はヒトで立証されて初めていえることですし、医薬品の開発にどれだけの時間とお金がかかるかは一章で説明したとおりです。

医薬品として認められていないものをインフルエンザの予防効果があると宣伝して販売した産業振興担当部署が、同じ自治体の薬事担当部門から医薬品医療機器等法違反であると指摘されて宣伝文句を取り下げたというようなこともおこっています。そして2012年の欧州でのアレルギー警告と12歳以下の子どもへの使用禁止という情報があるにもかかわらず、商品への表示や消費者への情報提供を行っていません。当然ながら欧州で伝統的ハーブ治療薬として登録されている製品と、日本のどこかで作ったさまざまな「エキナセア入り食品」とはその内容も性質も違います。アレルギーの原因となる物質がどれだけ入っているのかもわかりません。と同時に効果が証明されていない有効成分とされる物質の量もわからないのですが。

筆者が所属する国立医薬品食品衛生研究所安全情報部では、欧州でのエキナセアの子どもへの使用禁止とアレルギー警告について、ウェブに掲載している「食品安全情報」で広く一般にも情報提供をしていますので、自治体の産業振興担当者から質問を受けたことがあります。欧州で警告が出ているという表示をしたほうがいいのではないか、と考えていたようですが結果的にそういう最低限の良心的な対応はなされませんでした。その時に印象的だったのは、「製品を使用していて何らかの体調異常が見られた場合は医師や薬剤師に相談するように」といった、医薬品などでよく見られる文言を表示さえすれば責任は免れられると考えていることでした。

医薬品の添付文書などにあるこうした記載は、医師や薬剤師はその医薬品に関する膨大な安全性や副作用に関するデータを参照して判断したり今後の対策のために有害事象として報告したりすることができることによるのです。数枚の紙に書けるような情報量ではないので「相談してください」で済ませているだけです。

一方、何が入っているかわからない得体の知れない「健康食品」で異常があったと相談されても医師や薬剤師には為す術はありません。使用を中止する以外の助言はできないのが現状です。でもその違いは一般的な消費者にはわからないでしょう。

こういう点でも医薬品に擬態して医薬品の信用を利用することが行われているのです。また食品の場合でも、食品を製造・販売する事業者は、その食品の消費者への安全性を確保する責任があります。その食品の原材料の性質や製造・加工工程において危害になる可能性のある要因を一番よく知っているのは製造者ですので、どうすれば安全性を確保できるのかの対策を講じることができるはずです。食品に関しては効果効能以前に安全性の確保が大切なのです。

このように公務員なのに、なにかあった場合の責任は医療に押しつけて安全性より利益追求が重要だと行動してしまう状況が日本の地方行政にはあるのです。エキナセアは一つの例であり、他にも地域振興や産業振興などの名目で税金を使って科学的根拠の怪しい商品宣伝をしているところがたくさんあります。

事例4――イチョウ（欧州では医薬品）

イチョウの葉は欧州の一部で記憶力の改善などに役にたつといわれて使われてきた歴史のある西洋ハーブの一種です。ただしイチョウの葉をそのまま使うわけではありません。イチョウの葉から抽出して有害物質を取り除き、有効成分含量を一定の範囲に調整したイチョウ葉エキスを「ハーブ医薬品」として使用している国があります。米国ではダイエタリーサプリメントとして各種イチョウ製品が販売されていて、日本ではいわゆる健康食品や健康茶と称してただ葉を乾燥しただけのものなどを食品として販売しています。同じ「イチョウ」を含むとされ、認知症予防や記憶力に効果があるといった宣伝をしていますが、規制が違うために販売されている商品の中身は多様です。

日本で市販されているイチョウ葉関連商品の中身について、国民生活センターが調べた報告をまず紹介します。国民生活センターは「イチョウ葉粉末の商品を飲んだところ皮膚障害(湿疹)が出て、イチョウ葉が原因である可能性が高いと診断された」という相談が寄せられたことから調べたところ、その商品からイチョウ葉が天然に含むギンコール酸が多量に検出されたということです。

ギンコール酸はアレルギーを誘発する活性が高く、イチョウ葉の天然有害物質であることがわかっているため、医薬品として使用している欧州のイチョウ葉エキスでは除去されています。しかし日本で販売されているイチョウ葉製品はただの食品ですので、そのような有害物質についての規制は存在しません。

そこで2002年7月にイチョウ製品20種類を購入してギンコール酸含量を測定しています。商品は錠剤、カプセル、液体、粉末、葉をお茶にして売っているものと形態は多様です。

その結果、ギンコール酸の含量は、ドイツの医薬品規格である1日の摂取量にして0・6マイクログラム以下を満たすものは半分以下で、なかには4800マイクログラムも含むものがありました。特に葉をそのまま使った製品は葉の抽出物を使った製品に比べて桁違いに大量のギンコール酸を含んでいました。これはもともとイチョウの葉にギンコール酸が含まれるので当然ですが、だからこそイチョウの葉は普通は食べないのです。

また葉の抽出物を使った製品であってもギンコール酸が相当量検出されていて、これは製造工程でギンコール酸を除去していないことを示しています。国民生活センターの調査では同時にイチョウのテルペノイドやフラボノイドの量も測定していて、それも製品により大きく異なり、1日の摂取量では数十倍の違いになることが明らかになっています。

国民生活センターは同年11月25日にこの調査結果を公表し、各製造販売企業から改善するという回答をもらっています。しかしその後もイチョウの葉そのものをお茶にして販売しているところがあり、市販商品のテルペノイドやフラボノイドを測定した2011年に発表された論文でも製品により含量はばらばらだとしています。

米国で販売されているダイエタリーサプリメントはどうでしょうか。

ダイエタリーサプリメントとして販売されているものにはラベルに表示してあるものと内容物が違うことがよくあるという問題は比較的広く知られており、何度か調査結果も発表されメディアでも取り上げられています。イチョウ葉サプリメントも例外ではなく、たとえばニューヨーク植物園のダモン・リトル（Damon Little）博士が2014年に『ゲノム（Genome）』に発表した研究によると、イチョウダイエタリーサプリメントで本当にイチョウが含まれるかどうかを調べたところ、83・8％がイチョウを含んでいた、ということです。ちなみに同じダイエタリーサプリメントのブラックコホシュでは75％、ノコギリヤシでは85％という結果だったそうです。

一方、GNC（ダイエタリーサプリメントチェーン）、ターゲット（ディスカウント百貨店チェーン）、ウォルグリーン（薬局チェーン）およびウォルマート（スーパーマーケットチェーン）という大手小売りチェーンで販売されている独自ブランドのサプリメントについて、表示されているものが含まれているのかどうかをDNAバーコードという手法で調べたところ、表示されている植物のDNAが検出されたのは、全体のうちのたった21％だったというのです。

特にサプリメントの最大手チェーン店であるGNCのイチョウサプリメントから検出されたのはコメ、アスパラガス、トウヒ（クリスマスデコレーションによく使われる常緑樹）のDNAのみでした。錠剤やカプセル剤の場合、中身に何が入っているかを消費者が確認することはまずないとはいえあまりにも酷い実態です。このため各社は一時的にサプリメント製品の販売を中止し、改善のための対策をとると約束しました。業界最大手でもこのような状況ですから、無数の中小業者はさらにひどいと想定するべきでしょう。

次にイチョウ葉抽出物の安全性についてです。

イチョウ葉については信頼性の高い動物実験で発がん性が確認されています。米国の国家毒性プログラム（NTP）で、マウスとラットの両方で2年のがん原性試験が行われ、どちらでも発がん性がありました。

動物実験で発がん性があることがそのままヒトで発がん性があることの証明にはなりませんが、これがもし食品添加物だったら認可申請は諦めることでしょう。動物で発がん性が明確なものを、それがヒトではおこらないと証明するのは非常に難しいからです。もちろんイチョウ葉抽出物は食品添加物としては認可されていませんので、もし何かの目的で食品に少量使用したとしたら食品添加物に関する規制違反でその食品は販売できないでしょう。

しかし添加物のような少量ではなくそのものを大量になら、米国のダイエタリーサプリメントや日本の食品として販売することができるのです。そしてすでに市販されているものについて、動物実験で発がん性が確認された場合、それが食品添加物や農薬のように、政府機関が許認可の権限を持っているものであれば製品の回収や使用禁止といった措置をとることが可能ですが、米国のダイエタリーサプリメントに対しては政府は規制の権限を持っていません。したがって、動物実験で発がん性が確認されたという情報を提供するのみです。そこでNTPは以下のようなファクトシートを作って公開しています。その一部を紹介します。

ファクトシート：イチョウ

●イチョウ抽出物とは？

イチョウの葉から抽出したもので市販製品の実際の組成は製造業者によりまちまちである。

●なぜ一部の人はイチョウサプリメントを飲むのか？

米国ではハーブサプリメントとして販売されている。摂る理由はさまざまだが多くは脳機能や記憶を改善する目的である。しかしながら効果を検証するための臨床試験ではメリットは見られていない。

●NTPのがん原性試験の結果は？

NTPはマウスとラットで長期影響を調べた。イチョウ抽出物を最大105週経口投与した。2年間の実験の終わりに、雌雄マウスで肝臓がんが、雌雄ラットと雄のマウスで甲状腺がんが増加していることを発見した。

●NTPの試験で人間にたいしていえることとは？

NTPの齧歯類《げっしるい》での研究はヒトにもあてはまる可能性がある。しかしこの研究は、ダイエタリーサプリメントとしてイチョウ抽出物を摂ることがヒトにとってがんリスクになるかどうかを決定するための第一段階に過ぎない。次に抽出物中のがんを誘発する物質の同定やヒトがどれだけ摂っているかの追加情報の収集などが必要となる。

●イチョウの健康へのメリットは見つかっているのか？

今日まで最大規模のイチョウの臨床試験では、2000年から2008年の間に75歳以上の3000人分のデータを調べた。半分はイチョウを摂り、半分は摂らなかった。全員に思考能力検査を行ったところ、120ミリグラムを1日2回摂った場合による認知症削減、認知機能低下、血圧低下、心血管系疾患イベント削減作用といった結果は得られなかった。

●イチョウサプリメントを止めるべきか?

消費者は、イチョウが脳の機能を改善させるという結果が一貫して出ていないことを知るべきである。NTPの新しい試験では、長期の使用によりラットとマウスの両方でがんができたことをもまた考慮すべきである。さらにイチョウは他の薬物と相互作用して薬物の影響を強めたり弱めたりする。ダイエタリーサプリメントを摂るか摂らないかも含めて、かかりつけの医師にすべての情報を伝えることが重要である。

国際がん研究機関(IARC)ではこのNTPの試験結果を受けてイチョウ葉抽出物(香料、サプリメント、医薬品)を発がん性についてグループ2B「ヒトに対して発がん性があるかもしれない」に分類しました。これは動物実験で発がん性があることが確認された場合に分類されるカテゴリーです。

イチョウ葉抽出物についての各国の問題をまとめてみます。

●医薬品として販売している国（欧州）
成分や品質に規格があるので商品の品質は安定していて有害物質は含まれない。効果が明確ではないものを医薬品として使っている点についての問題はある。
●ダイエタリーサプリメントとして販売されている国（米国）
製品の品質は不明。規制は限定的で有害物質を含むことがわかったとしても、それによる健康被害が立証できない限り販売を規制できない。実際は、効果効能を謳って販売している。
●食品として販売している国（日本）
規格はないので商品はさまざま。有害物質を含むことがわかれば食品衛生法で、疾患治療効果を宣伝すれば医薬品医療機器等法で取り締まることは可能だが人手やお金が足りないので現状は難しい。

どのような枠組みで規制するのがベストかというのは歴史的背景にもよるため簡単にはいえません。
日本で食品として販売されているイチョウ製品は、欧州で医薬品として使用されていると宣伝したらその製品の品質がまったく違うものが多く虚偽宣伝であろうし、関連情報をすべて伝えて消費者の判断に任せるにはあまりにも偏った情報提供しかされていないという問題があります。販売されているイチョウサプリメントに、ＮＴＰで動物での発がん性が報告されているという情報提供をしているものがあるでしょうか？　一消費者としては買わないのがベストとしか思えません。

筆者の個人的にはイチョウサプリメントについて、ある地方自治体主催の食品の安全性に関するイベントで質問された方に驚いた経験があります。そのような行事に参加される方は食品の安全性に関心の高い方が多いでしょう。その年配の女性も熱心にいろいろな「勉強」をされてきたようで、「食品添加物は安全性が確認されているといわれても信用できないし、身体に悪いと思ってずっと避けるようにしてきた。今まで参加した講演会ではそういう話ばかりだったから」という感想を述べられました。そして「高齢になってからの認知症が心配なのでイチョウサプリメントがいいと聞いたので毎日飲んでいる」とおっしゃったのです。

イチョウサプリメントに動物での発がん性が報告されていることをご存じなかったようです。食品添加物を避けるような人はサプリメントのようなものも当然避けるのだろう、となんとなく思っていたので、その時は驚きました。しかしその後何度か似たような事例を見聞することがあり、小さなリスクは避けようとするのに、それに比べて圧倒的に大きなリスクにまったく気がつかないのはそれほど珍しいことではない、と思うようになりました。

これはその人の判断能力が足りないということではなく、その人の周辺の情報が偏ってゆがんでいるということを示しています。普通の人が普通の生活をしていると、テレビや新聞や身近な人との会話などから自然に入ってくる情報が、間違った方向に導くものばかりであるのが現状なのです。

事例5――エフェドラ（麻黄、日本では医薬品、米国FDAがDSHEA下で初めて禁止したもの）

米国では、FDAがダイエタリーサプリメント健康教育法（DSHEA）のもとでサプリメントについて販売禁止などの強い行政措置を行うには、FDA自身がその製品の危険性を立証しなければなりません。DSHEAのもとでFDAが初めて販売禁止にしたダイエタリーサプリメントがエフェドラ製品です。

エフェドラ（Ephedra）は植物あるいはハーブのことを指し、その植物から抽出されたアルカロイドをエフェドリンといいます。エフェドリンには交感神経刺激による興奮作用があるため各種ダイエット用サプリメントなどに使われていました。化合物としてはエフェドリンの他に、プソイドエフェドリン、メチルエフェドリン、ノルエフェドリン（フェニルプロパノールアミン）が日本では医薬品として承認されています。医薬品としての作用は、心拍数増加、心拍出量増大、血圧上昇、気管支拡張、血管収縮などがあり副作用としては血清カリウム値の低下、心悸亢進、食欲不振、発疹、口渇、悪心、不眠、頭痛、めまい、動悸、神経過敏（不安、緊張等）などがあります。

米国でも化合物としてのエフェドリンは医薬品として風邪薬などで使用されています。一方、エフェドラアルカロイドを含むダイエタリーサプリメントは1990年代に米国で減量やエネルギー増強などの宣伝文句で販売され、非常に良く売れていたようです。アメリカ人の肥満が深刻化するなかで売り上げを伸ばしていきました。

同時に違法ストリートドラッグの代用品、「ハーブエクスタシー」などとしても使用されていたようで１９９６年にアルティメット・エクスフォリア（Ultimate Xphoria）というエフェドラアルカロイドを含むサプリメントを使用したことに関連して大学生が死亡するという事故がありました。

これを受けて１９９６年４月にＦＤＡは、「エフェドリンを含むドラッグ代用品と表示してあるダイエタリーサプリメントを購入したり使用したりしないように」という消費者向けの警告を発表します。

しかし減量用などの他の用途で販売されているダイエタリーサプリメントについてはこうした対応はとれませんでした。天然エフェドラを含むダイエタリーサプリメントは、１９９４年に制定されたＤＳＨＥＡにより、販売禁止にはＦＤＡがそのリスクを立証する義務があるからです。

そこで１９９７年６月にはエフェドラのダイエタリーサプリメントは有害なので、７日間を超えて使用しないようにとの警告表示や量の制限等の提案を行ったり、有害事象報告を集めたり運動のパフォーマンスを上げるという宣伝には根拠がないので止めるように、という警告文書を送付したりと権限のある範囲内での対策を講じます。

一方、ダイエタリーサプリメント業界は、お金にものをいわせて大学の研究者などに「適切な使用方法であればエフェドラダイエタリーサプリメントは安全である」といった趣旨の論文を発表させて対抗します。

しばらくの期間、エフェドラサプリメントが危険だから規制すべきと考える陣営と、規制に反対する陣営とが学術雑誌や各種メディア上で論争を続けました。その間にも健康被害は増加し続けます。

そしてＦＤＡの努力の結果、２００４年4月12日から、エフェドリンアルカロイドを含むダイエタリーサプリメントは不当なリスクがあるとして販売禁止とする最終規則が施行されました。このときＦＤＡが「不当なリスク」の立証の根拠としたのは、（１）エフェドリンアルカロイドに関してよく知られている科学的に確立された薬理作用、（２）エフェドリンアルカロイドの作用に関する学術論文のレビュー、（３）エフェドリンアルカロイドを含むダイエタリーサプリメントの摂取によって生じたと報告された有害事象、の3点です。

（１）はエフェドリンについては比較的よく知られているので問題はありません。（２）についてはＦＤＡが資金を提供していくつかの研究やレビューの委託をしています。ここでは国民の貴重な税金が使われています。さらに問題なのは（３）です。ダイエタリーサプリメントは医薬品と違って有害事象報告の義務はありませんでした。それでもＦＤＡに報告された有害事象報告数千件を吟味し、さらにエフェドリンアルカロイドを含むダイエタリーサプリメントの販売最大手であるメタボライフ・インターナショナル（Metabolife International）社から電話記録を提出させたことが決め手になりました。実は企業には早くからたくさんの有害事象報告があったのですが、それをＦＤＡには報告していなかったのです。そして出した結論が以下のようなものです。

多くの研究で、エフェドリンアルカロイド含有ダイエタリーサプリメントは他の交感神経興奮剤と同様、血圧上昇および心拍数増加作用が証明されている。これらの製品の使用者は、持続的な血圧上昇（死亡の可能性もある脳卒中や心臓発作のような重篤な疾病・障害など）を含むリスクがある。心不全増悪および不整脈誘発作用による罹患率・死亡率の増加もみられる。不整脈誘発作用は通常感受性の高い人だけに起こるが、血圧上昇による長期のリスクは健康な人にでも起こり得る。

エフェドリンアルカロイド含有ダイエタリーサプリメントのメリットがリスクに比べてより勝っているとはいえない。これらの製品には意味のある健康上の利益はない。利益に関して最良の臨床的根拠は減量である。しかし、そこでも証拠は短期的な減量のみであり、過体重や肥満に関係する心血管系のリスクや健康状態に影響を与えるには不十分である。

運動能力増強、エネルギー増加、敏捷性など考えられる他のメリットについても科学的根拠を欠いており、リスクに比べればわずかな一時的利益があるのみである。

ここまでしてようやくエフェドリンアルカロイドを含むダイエタリーサプリメントの販売禁止にこぎつけたのです。これらの製品による健康被害に遭った人の数は明確ではありませんが相当数に上ったであろうと考えられます。

少数の大企業が主な市場の担い手である製薬業界と、無数の小さな会社が簡単に参入できるダイエタリーサプリメント業界とでは、「企業への要請」の効果はまったく異なります。過去の実績が信用性の担保としてもはたらく大企業にとっては、規制機関からの要請に応えることはビジネスにとって大切です。

一方、簡単に起業しすぐに廃業してしまえる業種で、とりあえず利益を確保して逃げてしまえばいいと考える人たちが多いところでは規則はあっても無視されることが多くなります。ダイエタリーサプリメント業界が簡単に起業・廃業できるというのはすぐには納得できないかもしれませんが、製品の製造を委託すれば工場の建設のような投資は必要ないのです。あなたが思いついた適当なサプリメントは、初期の資金さえあれば原材料販売会社と委託製造請負会社、そしてマーケティングの会社を使って簡単に作って売ることができるのです。

エフェドリンが使えなくなった後、ダイエタリーサプリメント業界はシネフリンという類似化合物を使うようになっていきます。シネフリンはビターオレンジという植物の抽出物に存在するとされる化合物ですが、エフェドリンと類似の作用がある、ということはエフェドリンと類似の副作用がある、ということです。エフェドリンに問題があるならシネフリンにも問題があるだろうから安全性の観点からも問題がある、とは考えず、規制さえ逃れられればいいと考えていることがよくわかる例です。

日本では生薬の麻黄とエフェドリンアルカロイドも医薬品であるため、これらが含まれる製品は未承認無許可医薬品として取り締まりを受けます。

米国でダイエタリーサプリメントとして販売されているもので生薬が医薬品に分類されているために、日本では未承認医薬品として違法になるものとして他にはヨヒンベがあります。生薬のヨヒンベあるいはその成分であるヨヒンビンは交感神経に作用し催淫薬、精力剤として販売されているものに含まれている場合があります。多数の有害影響が報告されていて欧州でも食品には適さないと評価しています。

事例6――アカシア

２０１５年４月に『ドラッグ・テスティング・アンド・アナリシス（Drug Testing and Analysis）』という雑誌にピーター・コーエン（Pieter Cohen）博士らが、アカシアという植物の成分を含むと表示されているダイエタリーサプリメントには覚醒剤であるアンフェタミンに類似する化合物で合成薬物のβ-メチルフェニルエチルアミン（β-methylphenylethylamine, ＢＭＰＥＡ）が含まれていることを発表しました。コーエン博士はこれまでもダイエタリーサプリメントに表示されているものとは違う、生理活性のある化合物が含まれている事例を発表しています。

コーエン博士に名指しされた製品を販売しているサプリメント企業は、ある会社は製品の販売を中止し、ある会社はコーエン博士を訴えます。ＢＭＰＥＡはアカシアという植物に含まれる天然物であり、ダイエタリーサプリメントは合法で問題がないのにコーエン博士のせいで売り上げが落ちた、と主張するのです。

ところがその後、ＦＤＡがコーエン博士の知見を再確認し、ダイエタリーサプリメントにはＢＭＰＥＡが含まれていると表示されているが、植物のアカシアからはＢＭＰＥＡを検出することができなかったので、ＢＭＰＥＡを含むダイエタリーサプリメントは違法であると警告文書を出したのです。ダイエタリーサプリメントに使えるのは食品成分のみであり、新規成分を使う場合にはその成分についての情報をＦＤＡに通知する必要があります。

しかし実際にはダイエタリーサプリメント業者は聞いたこともないような植物の成分だと称してありとあらゆる化合物をダイエタリーサプリメントに使用しています。その植物はアマゾンの奥地やアジアの山の中やアフリカの民族が伝統薬として使っている、などと主張しています。

自然界には無数の化合物がありますから、どんなものでもどこかで「発見」されている可能性はあります。どこかの民族が使っているという言い伝えがあると主張されてもそれが事実かどうかを確認するのは普通は困難です。そして市販されているダイエタリーサプリメントやその原料とされる植物に実際に含まれる化合物を分析する技術を持っているのは一部の専門機関のみです。

何が入っているか予めわかっていて、分析法もわかっている物質を調べるのと違って、何が入っているかわからない複雑な天然物について成分を調べるのはとても難しいことです。

そして苦労してダイエタリーサプリメントに合成化合物が添加されていることを確認したコーエン博士は、自分の病院に来た患者さんがダイエタリーサプリメントを使ったために謎の症状に悩まされるのを知って独自に調べるようになった篤志家であり、政府機関の職員でもなければ政府から資金を得て検査を依頼されているわけでもありません。コーエン博士に特に見返りはありません。それどころかダイエタリーサプリメントの製造業者から裁判に訴えられたり脅されたりする始末で、自分の利益だけを考えたら何もしないのが一番ということになります。これと同じようなことが日本の機能性表示食品の制度でもおこりえるのです。

事例7——個人輸入の危険性(オキシエリートプロ)

2013年米国で、オキシエリートプロ（OxyELITE pro）というダイエタリーサプリメントの使用に関連してハワイを中心に死亡を含む多数の肝障害患者が出ました。米CDC（米疾病予防管理センター）の調査では、2014年2月までに12州以上で97症例を見つけ、47人が入院、3人が肝移植、1人が死亡したとなっています。

この製品はスポーツ選手がトレーニングをするときに効率を上げるためのいわゆるワークアウトサプリメントとして使用したり、減量用として使われていたようですが、初めの頃の製品には合成興奮薬である1、3-ジメチルアミルアミン（DMAA）という成分が含まれていました。

ダイエタリーサプリメントにどうして合成興奮薬が入っているのかと不思議に思われるかもしれませんが、製造業者の主張ではこれはゼラニウムという植物に含まれる天然物のジェラナミンという物質だということになっています。

DMAAを含むサプリメントにはゼラニウム、ジェラナミン、メチルヘキサンアミンなどいろいろな表示がされているもののすべて同じものを指しています。実際には植物のゼラニウムにはDMAAは含まれないか含まれていたとしてもごくわずかで、抽出物として使用できるようなものではなく、ダイエタリーサプリメントに使われているのはほぼ合成品です。

DMAAを含むダイエタリーサプリメントで死亡者を含む健康被害事例が100例以上報告されたため、FDAがDMAAを含むオキシエリートプロの製造会社USPlabs社に自主的に製品を破棄するよう要請し、同社は応じました。

このときにFDAが根拠としたのはDSHEA（77ページ参照）ではなく、改訂されたばかりの食品安全近代化法（Food Safety Modernization Act, FSMA）です。FSMAは安全確保のためにFDAの権限を強化していて、そのため食品やダイエタリーサプリメントに異物混入や不正商標表示があると信じる理由がある場合には製品の差し押さえが可能になっています。ＤＭＡＡの化学構造の分析から、天然物ではなく合成品を意図的に入れたという根拠があったのです。

ＵＳＰｌａｂｓ社はＤＭＡＡを別の化合物（ＵＳＰｌａｂｓ社によるとアジアのミカン科の植物に含まれるアエゲリン）に変えて同じオキシエリートプロという名前でダイエタリーサプリメントを販売し続けます。この組成を変更したほうのオキシエリートプロでも肝障害患者が短期間で多数報告されたのです。この新しいダイエタリーサプリメントについてもＦＤＡはＦＳＭＡ法を使って市場から排除しました。

ここまでは米国の話ですが、このオキシエリートプロの件では日本でも健康被害が確認されています。厚生労働省によると被害者は20代と30代の女性で、20代の女性は個人輸入した友人から購入し、２０１３年10～11月の約一か月間使用して急性肝炎を発症しています。米国でオキシエリートプロによる健康被害が報告されたため厚生労働省は同年10月９日付けで国内に注意喚起を行っていて（「日本におけるオキシエリートプロの輸入実績はありませんが、個人による輸入の可能性もあることから、別添のとおり注意喚起を行いました」と記載されています）一部でメディア報道もされたのですが、その後に使用して肝炎になっています。

また30代の女性の健康被害の報告は２０１４年１月です。このような事例は個人輸入した製品が原因と考えられるので、自己責任とされてしまうのですが、被害者が事前に適切な情報を得ていたのかどうかは疑わしいです。

なお、このオキシエリートプロの件でＵＳＰｌａｂｓ社は、２０１５年11月17日に米国司法省から刑事告発され、複数の役員が逮捕されています。

日本に正規に輸入されていないものであっても個人輸入なら手に入ることがあります。インターネットは便利なツールで、英語が読めなくても簡単に外国の製品が購入できます。しかしほとんどの輸入代行業者のサイトで製品がリコール対象であるとか健康被害の可能性があるとかという製品の不都合な情報は提供されていません。

米国では健康被害とは別に製品の宣伝に問題があった場合などに購入代金の返金がしばしば発表されていますがそのような情報も提供されることはないでしょう。また輸入代行と国内での通信販売とがあまり区別なくウェブサイトで提供されているため消費者が警戒しないまま個人輸入をしてしまうこともあるかもしれません。賢く使えば便利なツールでも、賢く使うのはそれほど簡単なことではないのです（図14）。

米国 USPlabs 社が，1,3- ジメチルアミルアミン（DMAA），ヨヒンビンを含む興奮作用・痩身用の製品として「OxyELITE Pro」を販売

2011 年

当該製品を使用した米軍兵士 2 人の死亡が報告される

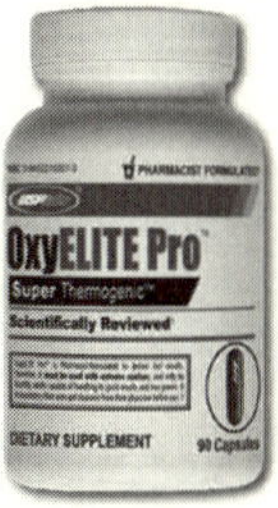

2012 年前半

DMAA 含有製品と心臓発作等の循環器障害との関連が指摘され，米国，豪州等の各国で警告

USPlabs 社が DMAA 含有製品の販売を中止

DMAA が使用できなくなったため，成分を変更して同じ商品名で販売

2012 年 7 月

米国 FDA およびハワイ州保健省が，ハワイ州を中心に OxyELITE Pro と関連する肝臓障害が 5 月以降の調査で数十例報告されていると公表。米国，豪州等の各国で警告が出され，WHO の国際食品安全当局ネットワークでも通知

2013 年 10 月 8 日

医薬食品局食品安全部基準審査課「健康食品（OxyELITE Pro）に関する注意喚起について」を通知

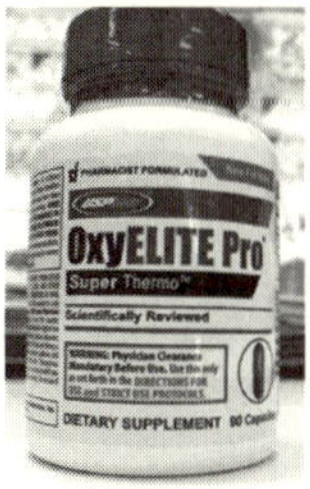

10 月 9 日

20 代女性の健康被害の可能性を受けて，再通知

12 月 25 日

（個人輸入；急性肝炎）：使用開始は通知の後

2014 年 1 月 10 日

医薬食品局監視指導・麻薬対策課

30 代女性の健康被害の可能性およびヨヒンビン検出を受けて，「医薬品成分を含有するいわゆる健康食品の発見について」を通知

（個人輸入；食欲不振・吐き気・嘔吐・黄だん）

図14 「オキシエリートプロ」による健康被害事例

第4章

食品の機能表示とはどういうもの？

食品はいろいろな栄養や栄養以外の成分を含み、身体の機能に影響します。それらをまとめて食品の機能性と呼び、その機能性を謳う強調表示（クレーム）が認められることがあります。栄養強調表示は、たとえば「イチゴにはビタミンCが多く含まれます」といった表示のことで、健康強調表示は「（食品に含まれる食物繊維などが）血中コレステロール濃度を下げます」といった表示のことです。こうした食品への強調表示に関しては各国にきまりがあります。それを見ていきましょう。

欧州の場合

欧州（EU）ではこれらの機能性表示に関してはRegulation（EC）No 1924/2006によりポジティブリスト制、つまり事前に評価されて認められたものしか使ってはならない、という制度になっています。

基本的に強調表示の内容については企業がEFSA（European Food Safety Authority, 欧州食品安全機関）にその根拠となるデータを提出し、EFSAが評価を行って意見を出し、それをもとにEUがリストを更新します。

2015年4月時点でのリストの一部を紹介します。

栄養強調表示については表4で、これは栄養成分表示をしたうえでこのような各成分につ

表4　EU 栄養(1)

表示	条件
低カロリー	固形物については100 gあたり40 kcal以下，液体については100 mLあたり20 kcal以下. 卓上甘味料については一回分(ショ糖 6 gに相当)4 kcalまで
カロリー減	総カロリーを30%以上減らした場合
カロリーなし	100 mLあたり 4 kcal以下. 卓上甘味料については一回分(ショ糖6 gに相当)0.4 kcalまで
低脂肪	固形物については100 gあたり脂肪3 g以下，液体については100 mLあたり1.5 g以下(セミスキムミルクについては100 mLあたり1.8 g)
無脂肪	100 gあるいは 100 mLあたり脂肪0.5 g以下. 'X % 無脂肪'は禁止
飽和脂肪が少ない	飽和脂肪とトランス脂肪の合計が100 gあたり1.5 gあるいは100 mLあたり0.75 g以下で総エネルギーの10%以上にならないこと
飽和脂肪なし	飽和脂肪とトランス脂肪の合計が100 gまたは100 mLあたり0.1 g以下
低糖	固形物については100 gあたり砂糖 5 g以下，液体については100 mLあたり2.5 g以下
無糖	100 gまたは100 mLあたり砂糖0.5 g以下
糖無添加	単糖や二糖を加えていない. もし食品中に天然に糖が含まれるなら「天然の糖を含む」と表示する
低塩	ナトリウムまたは塩の相当量が100 g または 100 mLあたり0.12 g以下. ナチュラルミネラルウォーターを除く水については100 mLあたり 2 mg以下
超低塩	ナトリウムまたは塩の相当量が100 g または 100 mLあたり0.04 g以下. ナチュラルミネラルウォーターや水には使えない
無塩	ナトリウムまたは塩の相当量が100 g あたり0,005 g 以下
塩無添加	塩や塩を含む成分が使われず，かつナトリウムまたは塩の相当量が100 g または 100 mLあたり0.12 g以下
食物繊維の摂取源	100 g あたり最低3 gあるいは100 kcalあたり最低 1.5 gの食物繊維を含む
食物繊維が多い	100 g あたり最低 6 gあるいは100 kcalあたり最低 3 gの食物繊維を含む
タンパク質の摂取源	食品のカロリーの最低12%がタンパク質による

(次ページに続く)

タンパク質が多い	食品のカロリーの最低20%がタンパク質による
[ビタミンやミネラル]の摂取源	Annex to Directive 90/496/EEC(注)による定義あるいはArticle 6 of Regulation (EC) No 1925/2006 の 6 条による例外規定に定める相当量を含む場合
[ビタミンやミネラル]が多い	上記「摂取源」の 2 倍以上を含む
[栄養素など]を含む	規定に従う
[栄養素]強化	上記「摂取源」の条件を満たし含量を類似製品の30%以上増やしたもの
[栄養素]削減	類似製品より30%以上含量を減らしたもの．マクロ栄養素については10%の差，塩については25%が許容できる
ライト	上記「削減」と同じ
オメガ3脂肪酸の摂取源	100 gあるいは100 kcalあたりαリノレン酸を0.3 g以上，あるいは100 gあるいは100 kcalあたりエイコサペンタエン酸とドコサヘキサエン酸の合計が40 mg以上
オメガ3脂肪酸が多い	100 gあるいは100 kcalあたりαリノレン酸を0.6 g以上，あるいは100 gあるいは100 kcalあたりエイコサペンタエン酸とドコサヘキサエン酸の合計が80 mg以上
単価不飽和脂肪酸が多い	製品に含まれる脂肪酸の45%以上が単価不飽和脂肪酸で製品のカロリーの20%以上が単価不飽和脂肪酸
多価不飽和脂肪酸が多い	製品に含まれる脂肪酸の45%以上が多価不飽和脂肪酸で製品のカロリーの20%以上が多価不飽和脂肪酸
不飽和脂肪酸が多い	製品に含まれる脂肪酸の70%以上が不飽和脂肪酸で製品のカロリーの20%以上が不飽和脂肪酸

注 Annex to Directive 90/496/EEC ビタミンやミネラルの1日推奨摂取量を定めたもの（127ページの表 4 ）

表4 EU栄養(2)
表示できるビタミンやミネラル類とその1日推奨摂取量

ビタミンA(μg)	800
ビタミンD(μg)	5
ビタミンE(mg)	12
ビタミンK(μg)	75
ビタミンC(mg)	80
チアミン(mg)	1.1
リボフラビン(mg)	1.4
ナイアシン(mg)	16
ビタミンB6(mg)	1.4
葉酸(μg)	200
ビタミンB12(μg)	2.5
ビオチン(μg)	50
パントテン酸(mg)	6
カリウム(mg)	2000
塩素(mg)	800
カルシウム(mg)	800
リン(mg)	700
マグネシウム(mg)	375
鉄(mg)	14
亜鉛(mg)	10
銅(mg)	1
マンガン(mg)	2
フッ素(mg)	3.5
セレン(μg)	55
クロム(μg)	40
モリブデン(μg)	50
ヨウ素(μg)	150

基本的に100 gまたは100 mLまたは1回分あたり，推奨摂取量の15%を含むときに「相当量」とみなす

いて多く含む、減らしたといった表現を使うことができます。たとえば普通のパンやお菓子などで100グラムあたり40キロカロリー以下なら「低カロリー」(正確には低エネルギーですが日本では食品についてはは低カロリーと称するのでそう書いています)と表示できるわけです。

飲み物なら100ミリリットルあたり20キロカロリー以下なら「低カロリー」、4キロカロリー以下なら「ゼロカロリー」と表示できます。なお日本では飲料にゼロカロリーと表示できるのは、100ミリリットルあたり5キロカロリー以下ですので少し数値は違います。

「タンパク質が多い」やビタミンを「強化」などの表示もそれぞれ表に記載するような基準に従っていれば可能です。

健康強調表示についてはその内容により分類されていて「機能性表示」(Article 13)、「リスク削減表示」(Article 14(1)(a))、「子どもの発達に関する強調表示」(Article 14(1)(b))になります。

表5に一般機能についてのEU認可リスト(一部)、131ページの表6には新機能についてのEU認可リスト(一部)、132ページの表7には疾患リスク削減と子どもの発達に関するEU認可リスト(一部)を示しました。

どのような表示が認められているのかについて少し中身を見てみましょう。

表5はEU一般機能についての一部です。これらの強調表示を希望する企業がEFSAに申請した数は44000という膨大な数でした。そのうち内容の重複や趣旨にあわない適用外のものを排除するなどの整理をしたうえで、評価対象とした「強調表示」は4637になりました。そのうち科学的根拠があるとして2015年4月時点で認められていたもののみを抽出した表の一部です。認められたのは230ほどですが残りの数千件は科学的根拠が認められなかったということです。

認可されたものの多くは必須のビタミンやミネラルの機能についてのものです。たとえば表4で示した規則で定める一定量以上のカルシウムを含む食品であれば「カルシウムは正常

表 5　EU 一般機能（一部）

栄養素，物質，食品または食品分類	表示内容	表示の使用条件/使用の制限/認可しない理由	健康との関連
活性炭	活性炭は食後の過剰なお腹の膨れを減らすのに寄与する	一回量あたり1gの活性炭を含む食品に．メリットを得るには消費者には食事の少なくとも30分前または直後に1gを摂取する必要があるという情報を提供すること．	腸内への過剰なガスの蓄積削減
炭水化物	炭水化物は正常な脳機能の維持に寄与する	表示するためには，消費者に対してメリットを得るにはすべての摂取源から一日130gの炭水化物を摂取する必要があるという情報を提供すること．規制（EC）No1924/2006附則に従う低糖で一食当たり最低20gのポリオールを除くヒトが代謝できる炭水化物を含む食品に使用できる．100%砂糖の食品には使えない．	正常脳機能の維持
果糖	果糖を含む食品を摂取することは蔗糖やブドウ糖を含む食品に比べて血糖の上昇が少ない	表示するためには砂糖入り食品や飲料のぶどう糖や蔗糖を最低30%減らすよう果糖で置き換える必要がある．	食後血糖反応の抑制
乾燥プルーン	乾燥プルーンは正常な腸機能に寄与する	一日100gの乾燥プルーンを提供する食品にのみ使用できる．表示するためには，消費者に対してメリットを得るには一日100gの乾燥プルーンを摂取する必要があるという情報を提供すること．	正常な腸機能の維持
リノール酸	リノール酸は正常な血中コレステロール濃度の維持に寄与する	100gおよび100kcal当たり最低1.5gのリノール酸（LA）を含む食品に使用できる．消費者に対し，メリットを得るには一日10gのLAを摂取する必要があるという情報を提供すること．	正常血中コレステロール濃度の維持
生きたヨーグルト培養	ヨーグルトあるいは発酵乳の生きた培養は乳糖分解が困難な人のその製品の乳糖分解を改善する	表示のためには最初の微生物（*Lactobacillus delbrueckii subsp.bulgaricus* 及び *Streptococcus thermophilus*）として1gあたり最低108CFUを含む．	乳糖消化改善

（次ページに続く）

肉または魚	肉や魚は他の鉄含有食品と一緒に食べると鉄の吸収を改善するのに寄与する	一回量当たり肉または魚最低50 gを含む食品にのみ使用できる．表示するためには，消費者に対してメリットを得るには肉または魚最低50 gを非ヘム鉄を含む食品と一緒に摂取する必要があるという情報を提供すること．	非ヘム鉄吸収改善
紅麹	紅麹由来モナコリンKは正常な血中コレステロール濃度の維持に寄与する	一日当たり紅麹由来モナコリンK10 mgを含む食品にのみ使用できる．表示するためには，消費者に対してメリットを得るには紅麹由来モナコリンK一日10 mgを摂取する必要があるという情報を提供すること．	正常血中LDL-コレステロール濃度の維持
オリーブ油ポリフェノール	オリーブ油ポリフェノールは血中脂質を酸化的ストレスから保護するのに寄与する	オリーブ油20 g当たり最低5 mgのヒドロキシチロソールとその誘導体を含むオリーブ油にのみ使用できる.表示するためには，消費者に対してメリットを得るには毎日オリーブ油20 gを摂取する必要があるという情報を提供すること．	LDL粒子の酸化的傷害からの保護
植物ステロールと植物スタノール	植物ステロール/スタノールは正常な血中コレステロール濃度の維持に寄与する	表示するためには，消費者に対してメリットを得るには一日最低0.8 gの植物ステロール/スタノールを摂取する必要があるという情報を提供すること．	正常血中コレステロール濃度の維持
体重管理用の食事代用品	エネルギー制限食餌療法で一日一回の食事代用品への交換は減量後の体重維持に寄与する	食品の組成はDirective96/8/ECArticle 1(2)(b)に従う．効果を得るには毎日1食を食事代用品に置き換える必要がある．	減量後の体重維持
砂糖なしチューインガム	無糖チューインガムは歯のミネラル化維持に寄与する	規制(EC)No1924/2006附則に従う．消費者に対してメリットを得るには飲食後最低20分噛む必要があるという情報を提供すること．	歯ミネラル化の維持
ビタミンC	ビタミンCは強い身体的運動時とその後の免疫系の正常な機能維持に寄与する	一日200 mgのビタミンCを提供する食品にのみ使用できる．表示するためには，消費者に対してメリットを得るには推奨摂取量に加えて一日200 mgのビタミンCを摂取する必要があるという情報を提供すること．	強い身体的運動時とその後の免疫系の正常な機能
くるみ	くるみは血管の弾性改善に寄与する	一日30 gのくるみを提供する食品にのみ使用できる．表示するためには，消費者に対してメリットを得るには一日30 gのくるみを摂取する必要があるという情報を提供すること．	内皮依存性血管拡張改善

表6　EU 新機能（一部）

栄養素，物質，食品または食品分類	表示内容	表示の使用条件/使用の制限/認可しない理由
炭水化物	炭水化物は極めて強い及び/または長時間の運動による筋肉疲労と骨格筋のグリコーゲン貯蔵の枯渇からの正常な筋肉機能（収縮）の回復に寄与する	ヒトが代謝できる炭水化物を提供する食品にのみ使用（ポリオールを除く）．極めて強い及び/または長時間の運動による筋肉疲労と骨格筋のグリコーゲン貯蔵の枯渇後4時間以内遅くとも6時間以内に，全ての摂取源からの総摂取量が体重1 kgあたり4 gで炭水化物を摂取するすることで効果が得られるという情報を消費者に与えること．筋肉疲労と骨格筋のグリコーゲン貯蔵の枯渇をもたらす極めて強い及び/または長時間の運動をする成人用の食品にのみ使用．
甜菜線維	甜菜線維は便量を増やす	規制（EC）No1924/2006附則に従う

な骨の維持に必要」と表示することは認められています。これについての科学的根拠は確立されています。ビタミンやミネラル以外では、一定量の食物繊維などを含む食品について「便量を増やすのに寄与する」や「食事と一緒に摂取することで食後血糖の上昇を抑制することに寄与する」といった表示が認められています。

低カロリー甘味料は砂糖の代わりに使えば砂糖を使ったものに比べて血糖値の上昇が少なくなる、と表示できます。これらについては科学的根拠があるので一回の摂取量や摂取条件などの必要な条件を満たす商品であればどのメーカーの商品でも表示することができます。

表6（EU新機能）は機能性のなかでも個別の商品に特有の新しい機能についてのもの

表7 EU疾患リスク削減（一部）

栄養素，物質，食品または食品分類	表示内容	表示の使用条件/使用の制限/認可しない理由
Cholesternorm®ミックスと組み合わせた植物ステロール	コレステロール低下	科学的根拠が確立されていない
カルシウムを含むフルーツジュース	虫歯リスク削減	科学的根拠が確立されていない
Ocean Spray Cranberry Products®, 乾燥ベリーのジュース	尿路感染予防	科学的根拠が確立されていない
ドコサヘキサエン酸（DHA）とアラキドン酸（ARA）	脳と目の発達に寄与	科学的根拠が確立されていない
乳製品（ミルクとチーズ）	子どもの歯の健康に寄与	対象となる食品が十分定義されていない
ドコサヘキサエン酸（DHA）とアラキドン酸（ARA）	脳の発達を最適化	規定された使用条件ではない
エイコサペンタエン酸（EPA）とn-6PUFAガンマリノレン酸（GLA）とアラキドン酸（ARA）を含むEfalex®	脳の発達と機能	科学的根拠が確立されていない
ドコサヘキサエン酸（DHA）とアラキドン酸（ARA）を含むEnfamil® Premium,	乳幼児の発育を最適化	使用条件不明
n-3多価不飽和脂肪酸（PUFAs）のエイコサペンタエン酸（EPA）とドコサヘキサエン酸（DHA），n-6PUFAガンマリノレン酸（GLA）を含むEyeqbaby®	集中力強化に役立つ	科学的根拠が確立されていない
DHAとEPAを含むIomegakids®/Pufan3kids®	集中力強化に役立つ	科学的根拠が確立されていない
Immunofortis®,短鎖ガラクトオリゴ糖と長鎖フルクトオリゴ糖の混合物	赤ちゃんの免疫機能	科学的根拠が確立されていない
Kinder Chocolate®, チョコレートバー	チョコレートは成長に役立つ	科学的根拠が確立されていない
Lipil®, DHAとARAを含む	乳幼児の脳の発達	使用条件不明
乳製品（ミルク，チーズ，ヨーグルト）	健康体重維持	対象となる食品と影響が十分定義されていない
regulat®. pro.kid.BRAIN，プロバイオティクスと発酵野菜果物の食品サプリメント	子どもの精神と認知機能発達	対象となる食品と影響が十分定義されていない

です。これらについては一般機能に比べて申請数が少ないのですが認可されたのはさらに少なく、わずか数件（2015年4月時点）です。

認可できないと判断されたもののなかでいくつか注目すべきものとしては、「ヒアルロン酸が皮膚の保湿に役立つ」「コラーゲン加水分解物が関節の健康に役立つ」「グルコサミンが関節の軟骨の維持に効果がある」という申請などがあります。

日本の特定保健用食品（トクホ）で認められている「ラクトトリペプチドの血圧への影響」「ジアシルグリセロールの減量に寄与（トクホ取り下げ）」、あるいはプロバイオティクス（ヨーグルトなどの乳酸菌や発酵食品）やプレバイオティクス（ガラクトオリゴ糖など）の整腸作用は健康上のメリットがあるという科学的根拠はないと判断されています。ここでいうプロバイオティクスとは腸内細菌叢《そう》のバランスを改善し、身体によい作用をもたらすとされる生きた微生物のことで、プレバイオティクスはそれら有用とされる微生物の栄養源となって増殖するのに役立つ物質のことです。

表7（EU疾患リスク削減）は「リスク削減表示」と「子どもの発達に関する強調表示」についての評価結果です。疾患リスクの削減として強調表示が認められているのはカルシウムとビタミンDの骨折や転倒リスク削減、不飽和脂肪酸の血中コレステロール濃度の抑制、妊婦の葉酸摂取による胎児の先天異常予防、大麦やオート麦のベータグルカンや植物ステロール類の血中コレステロール濃度の抑制、そして砂糖を含まないチューインガムを食後に噛む

ことによる虫歯予防、のみです。

科学的根拠が確立されていない、として却下されたもののほうがいろいろあって面白いですが、健康雑誌や新聞の折り込み広告、ネットの広告などで宣伝されているようなものは基本的に科学的根拠はない、と判断されています。

EFSAの評価で特に業界と大きく見解が異なるため業界からの不満が大きかったものがプロバイオティクス関連です。欧州には、ダノン、ネスレなどヨーグルトや乳製品をいろいろな意味で健康に良いとして販売してきた企業がたくさんあります。当然これらの企業は、ヨーグルトやオリゴ糖などの各種製品の健康強調表示を申請しました。そのほとんどをEFSAは科学的根拠が不十分だとして却下しています。

理由として一番多かったのはヨーグルトなどに含まれる菌の種類が同定されていないというものです。たとえば乳酸菌、といっても種類はたくさんあり、プロバイオティクスに何らかの効果があるとしたらそれは菌の種類によるだろうということは常識レベルの話です。菌の種類を明確にしないで効果を調べるのは不可能です。EFSAは基本的にATCC（American Type Culture Collection）番号などのきちんとした菌株の同定がされていないものは評価する前に却下しています。

これは別に健康強調表示に限ったことではなく、微生物を使う飼料添加物や微生物を使う農薬などでも同じです。そして菌株が明確になっている製品については、プロバイオティクスの効果とされる影響が本当に健康にとって利益となるのかどうかが証明されていない、というのがおもな却下理由でした。たとえばヨーグルトを食べると糞便中の乳酸菌が増える、といったデータが提出されているものの、それが生理的メリットといえるかどうかの証明がなされていないと指摘しています。企業側からは特定のいわゆる悪玉とされる細菌の数が変化したというデータが提出されていますが、ＥＦＳＡはそれに対して病原性かどうかを区別しておらず、実際の病気との関連が立証されていないと判断しています。

免疫機能強化といった項目についても、何をもって免疫機能を「強化」したと判断できるのか、それがそのヒトの健康に実際に「良い」影響といえるのかわからないとして申請を認めていません。ＥＦＳＡの評価結果には企業から反論を出すこともでき、何社かが反論していますがほとんど却下されています。

たとえばダノンは「オリゴ糖が免疫強化効果をもつことはプロバイオティクス業界の権威ある科学雑誌に受理されていて、この業界の科学者コミュニティーに認められている」といった主張をしていますが、その業界の常識が、医薬品などのようなヒトの健康影響を評価する水準では根拠とは認められないと反論されています。結果的にダノンやネスレ、ユニリーバといった大手プロバイオティクス製品販売業者は申請そのものを取り下げました。科学的根拠がない、と明確に否定的な見解を発表されることによるイメージの低下を恐れたためでした。

このようなやりとりが行われている一方で、膵炎《すいえん》患者でのプロバイオティクスの臨床試験で死亡を含む重大な副作用が報告され、プロバイオティクスは安全であるという前提に疑問が投じられました。その後もプロバイオティクスを未熟児に使用したことでプロバイオティクス菌に感染したことなども報告されていて、健康状態の悪いヒトへのプロバイオティクスの使用は薦められない、というコンセンサスができつつあります。

また一度に大量のデータを扱うオミクス研究が進み、腸内細菌の分野ではマイクロバイオーム解析という手法で新しい知見が出てくるようになりました。これにより、ヒトの腸内にはそもそもどのような細菌がいて人種や食生活によってどれだけ多様性があるのか、をようやく調べることができるようになってきました。

臨床の世界では治療の困難な、繰り返す下痢症に対して健康なヒトの便を投与することで著しい効果をあげるという報告がありました。プロバイオティクス業界で報告されている「効果」に比べて圧倒的な効果でした。ヒトの腸にいるたくさんの微生物と健康との関連についてはまだわかっていないことが多く、研究はこれから面白くなってくる、という状況です。したがって現時点ではヨーグルトなどの発酵食品による健康影響については確実なことは何もいえない、というのが学問に忠実な態度でしょう。

米国の場合

米国ではダイエタリーサプリメントの表示は企業の責任ですが、食品については、FDAが評価して認めている限定的健康強調表示（Qualified Health Claim）があります。

企業からの申請でFDAが科学的根拠を評価し、表示できる文言を提示しています。これまで評価申請されてきたものはそれほど多くはありませんが138ページの表8と139ページの表9に示します。表8が拒否されたもの、表9が認められたものです。

たとえばトマトと卵巣がんについて表示できるのは「週に2回トマトソースを摂取することが卵巣がんリスクを下げるかもしれないことを示唆するひとつの研究があるが、同じ研究でトマトまたはトマトジュースは卵巣がんリスクに何の影響もなかった。FDAはトマトソースが卵巣がんリスクを下げることは極めて不確実と結論している」という文章です。

抗酸化ビタミンとがんについては「抗酸化ビタミンがある種のがんのリスクを下げるかもしれないことを示唆する幾分かの科学的根拠がある。しかしながらFDAはこの根拠は限定的で決定的ではないためこの主張を支持しない」です。

科学的に厳密に評価した結果をできるだけ忠実に反映した表現ですが、これを商品の宣伝に使いたいとは思わないでしょう。ダイエタリーサプリメントで宣伝されている単純明快な

表8　FDA 拒否

拒否	日付
リコペンと各種がん	8-Nov-05
リコペンと前立腺がん	8-Nov-05
カルシウムと乳がん及び前立腺がん	12-Oct-05
緑茶と各種がん	30-Jun-05
繊維と結腸直腸がん	10-Oct-00
緑茶と心血管系疾患リスク削減	9-May-06
オメガ3脂肪酸含量を増やした卵と心血管系疾患リスク削減	5-Apr-05
ビタミンEと心疾患	9-Feb-01
ピコリン酸クロムと高血糖関連疾患リスク削減	25-Aug-05
ルテインやゼアキサンチンと加齢性黄斑変成や白内障リスク削減	19-Dec-05
乳児用ミルクの100%部分加水分解乳清蛋白質と乳児の食物アレルギーリスク削減	11-May-06
カルシウムと腎臓結石	12-Oct-05
カルシウムと月経困難症	12-Sep-05
グルコサミンやコンドロイチン硫酸と関節痛や関節炎	7-Oct-04
結晶性グルコサミン硫酸と骨関節炎リスク削減	7-Oct-04

取り下げ	
大豆タンパク質とある種のがんのリスク削減	7-Oct-05

表 9 FDA 評価済（一部）

内容	表示できる文言	対象食品
トマトおよび/またはトマトソースと前立腺がん	極めて限られた予備的科学的研究が，週に1/2から 1 カップのトマト及び/またはトマトソースを食べることが前立腺がんのリスクを下げるかもしれないことを示唆する．FDA はこの主張を支持する科学的根拠はほとんどないと結論した．	調理済み，生，乾燥，缶詰トマト，最低8.37%の無塩トマト固形物を含むトマトソース
カルシウムと大腸がん	カルシウムサプリメントが結腸/直腸がんのリスクを下げるかもしれないという幾分かの根拠があるが，FDAはこの根拠は限定的で決定的ではないと判断した．	カルシウムを含むダイエタリーサプリメント
緑茶と乳がん/前立腺がん	緑茶は乳がんまたは前立腺がんリスクを減らすかもしれないがFDAはこの主張にはきわめてわずかな科学的根拠しかないと結論した．	緑茶と緑茶を含む普通の食品およびダイエタリーサプリメント
抗酸化ビタミンとがん	抗酸化ビタミンがある種のがんのリスクを下げるかもしれないことを示唆する幾分かの科学的根拠がある．しかしながらFDAはこの根拠は限定的で決定的ではないと結論した．	ビタミンEおよび/または ビタミンCを含むダイエタリーサプリメント
オリーブ油と冠動脈心疾患	約テーブルスプーン 2 杯(23 g)のオリーブ油を毎日食べることはオリーブ油に含まれる単価不飽和脂肪酸により冠動脈心疾患リスクを下げるかもしれないことを示唆する限定的で決定的でない科学的根拠がある．このあるかもしれないメリットを得るにはオリーブ油は同量の飽和脂肪と置き換えて一日の総摂取カロリーを増やさないことが必要である．この製品一食分は(x)グラムのオリーブ油を含む． 注: オリーブ油に表示する場合は最後の文はオプション	オリーブ油，ドレッシングやファットスプレッド，ショートニングなどについては一回分あたり 6 g以上のオリーブ油を含み飽和脂肪が50gあたり 4 g以下，など(詳細略)
カルシウムと高血圧	カルシウムサプリメントが高血圧リスクを下げることを示唆する幾分かの科学的根拠がある．しかしながらFDAはその根拠は一貫性がなく決定的ではないと判断した．	カルシウムを含むダイエタリーサプリメント，一回摂取量200 mg以上にしない等詳細条件略

謳い文句とはまったく違います。

ＦＤＡはサプリメントについても評価をしたものがあり、カルシウムと高血圧について「カルシウムサプリメントが高血圧リスクを下げることを示唆する幾分かの科学的根拠がある。しかしながらＦＤＡはその根拠は一貫性がなく決定的ではないと判断した」という表示を認めています。一般的なダイエタリーサプリメントの「血圧管理に最適」「高血圧をサポート」などといった断定的な宣伝文句に比べて魅力的とはいいがたいものです。ただしどちらが事実かといえばＦＤＡのほうが圧倒的に正しいのです。つまり正しいことは消費者にとっては魅力的ではないのです。結果的に限定的健康強調表示をして販売されている商品はほとんどありません。

また限定的健康強調表示の意味を変えて表示してＦＤＡから警告された企業があります。ネスレが販売しているガーバーブランドの乳児用ミルクで、ガーバーグッドスタートジェントル乳児用ミルク（Gerber Good Start Gentle Infant Formula）という粉ミルクに「アレルギー発症リスクを下げる最初で唯一のミルク」と表示していたのです。

そして「もしミルクを与えることを選びアレルギーの家族歴があるのなら、グッドスタートジェントルミルクのような１００％乳清部分加水分解ミルクを最初の4か月間与えることで、普通の牛乳タンパク質でできたミルクを与えた場合より1歳の間のアトピー性皮膚炎リスクを下げるかもしれない。このことに関する科学的根拠は限られておりすべての赤ちゃんにメリットはないかもしれない」と説明してありました。この説明から消費者は「アレルギー発症リスクを下げるかもしれない」と考えるでしょう。しかしこれはFDAの評価した内容とは違います。FDAが認めた表示は「極めて限られた根拠しかない」「ほとんど根拠はない」であり、趣旨はアレルギーリスクを下げる根拠はない、と否定するものです。

さらにFDAが問題としたのは、機能性の評価の結果「ほとんど根拠はない」と表示する場合ですら、「ミルクアレルギーのある乳児あるいはミルクアレルギー症状のある乳児には与えてはならない。もしあなたの赤ちゃんがミルクアレルギーなのではないかと疑われる場合やアレルギー治療用の特別なミルクを使っている場合には、赤ちゃんのケアやミルクの選択については医師の助言に従うこと」という安全のための警告情報を必ず入れることを要求していました。しかし、ウェブや商品の説明では前半の「ミルクアレルギーのある乳児あるいはミルクアレルギー症状のある乳児には与えてはならない」のみで後半が省略されていたのです。アレルギーは特に命に関わる場合がありますから、たとえ文章が長くなっても、適切な情報提供は欠かせません。

結局「アレルギー発症リスクを下げる効果はほとんどない」としか書けないうえにアレルギーの子どもに間違って与えてしまうことのないように長い説明文が必須なので、普通に考えればそんな表示では商品の魅力が増すとはとても考えられないのです。

この製品に関してはFTC（Federal Trade Commission, 連邦取引委員会）も虚偽の宣伝でガ

図15　FTC が虚偽誇大広告と判断したガーバーのミルク

ーバーを訴えています。ＦＴＣが問題だと指摘している製品の宣伝文句は「子どもがアレルギーになることを予防するあるいはリスクを減らすことをＦＤＡが認めた」と宣伝していたことです（図15）。ＦＤＡが認めたのは上述のように、「科学的根拠はほとんどない」と表示することです。

この事例は少々複雑に見えるかもしれませんが、適切な情報を提供することの難しさを象徴しています。言葉のわずかな違いで受け取られる意味が違ってしまう、ということはよくありますし、同じ文言を使っていても画像や音声などの別の情報を加えることで、異なる印象を与えることも可能です。そして科学的根拠についての微妙なニュアンスと、誤解を招くことにより生じる可能性のあるリスクについてできる限り伝えようとすると文章も長くなりがちです。

この話にはさらに続きがあります。ガーバーのミルクの「限られた根拠」の重要な部分を占めていたのがカナダのR・K・チャンドラ(Chandra)博士による複数の論文だったのですが、チャンドラ博士は科学的不正行為があったとして多数の論文を取り下げられています。特にガーバーのミルクにとって重要なのは、1989年に有名な医学雑誌BMJに発表された加水分解されたミルクを与える方がアレルギーになりにくいという研究でしたが、この研究は捏造であることが確実になったとして2015年10月28日に正式に取り下げられました。

チャンドラ博士に対する疑惑はずっと前からあり、彼がインドに帰国して連絡がとれなくなっていたことや所属大学が内部調査の結果を公表しなかったことなどから対応できずにいました。それが大学のあるカナダの放送局がチャンドラ博士の不正を告発するドキュメンタリーを放送したことについてチャンドラ博士が名誉毀損だと裁判に訴えたため、その裁判資料として彼の不正の証拠が提出されたので雑誌社が入手できるようになり判断できたのです。裁判ではドキュメンタリーが事実である、つまりチャンドラ博士は科学的不正行為を行っていたと判断されています。

結局FDAの評価は正しく、数少ない論文を根拠にした健康強調表示の危うさが浮き彫りになった事例でもありました。

複雑な科学的根拠を、科学者ではない人たちに適切に伝えるのはもともと難しいのです。乳児を抱えて慌ただしい買い物の際に、商品のパッケージを見ただけで判断するのはほぼ不可能でしょう。別の言い方をすると、病気の予防や健康状態への影響について、ぱっと見てわかるような単純な短いフレーズでの宣伝は、そもそも誤解させることを目的としたものである、といっていいでしょう。

日本の場合

日本では特定保健用食品(トクホ)と、栄養機能食品、そして機能性表示食品が機能性の表示ができる「保健機能食品」となっています。特定保健用食品は国が審査を行い、食品ごとに消費者庁長官が許可して「コレステロールの吸収を抑える」などの表示ができる食品です。栄養機能食品は栄養成分を一定の基準量含む食品であれば、事前の届け出なしに、国が定めた表現によって機能性を表示することができます。

機能性表示食品は事業者の責任において、機能性を表示した食品で、販売前に安全性および機能性の根拠に関する情報などが消費者庁長官へ届け出られたもので個別に許可を受けたものではありません(図16)。

このうち栄養機能食品については所要量などの細かな違いはあっても海外と評価に大きな違いはなく、おおむね栄養学的なコンセンサス(同意)に従っています。

問題は特定保健用食品と機能性表示食品です。米国の限定的強調表示とヨーロッパのEF

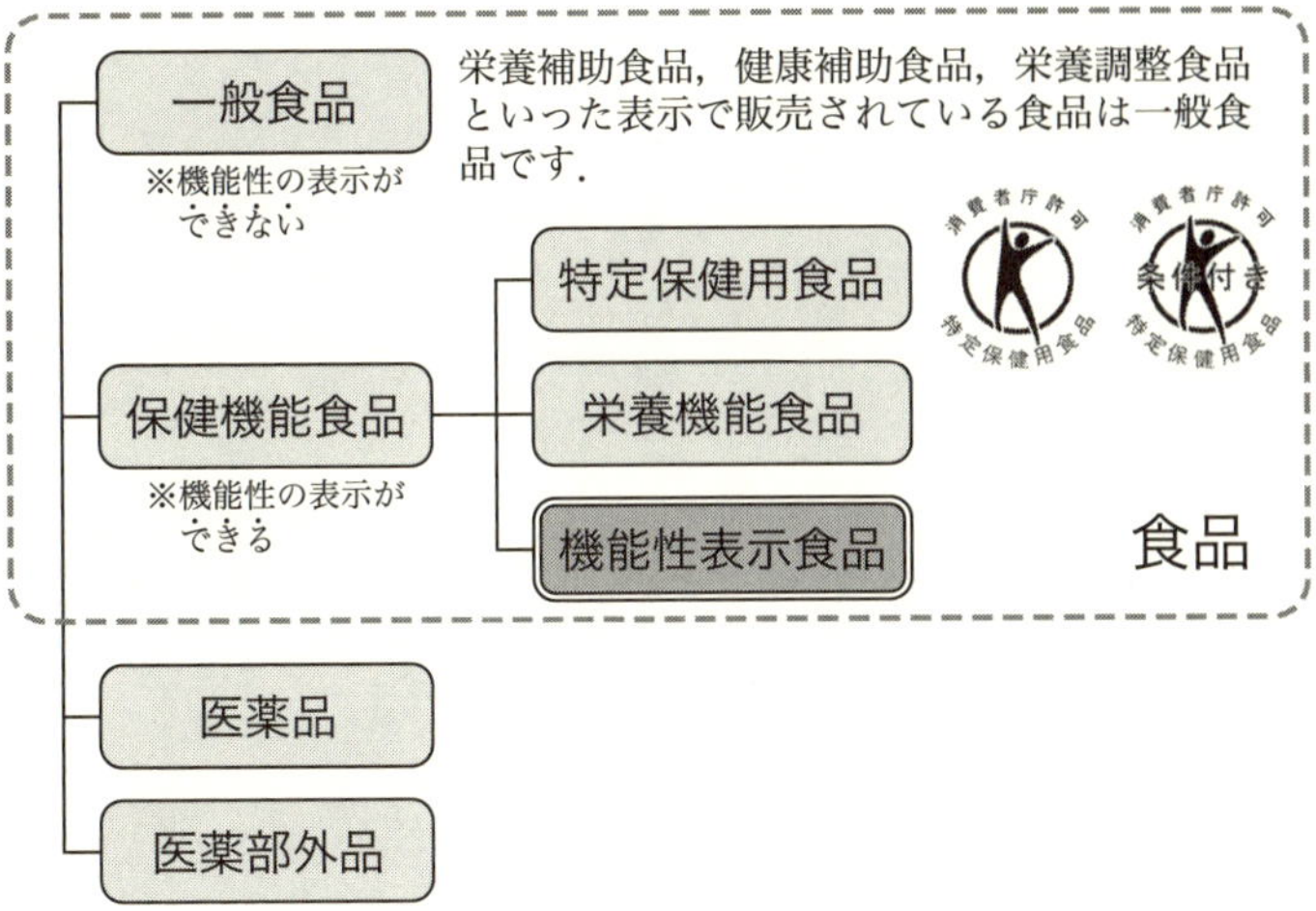

図16 日本の制度（消費者庁より）

SAの評価では表現方法は違っていても評価基準はだいたい一致していますが、特定保健用食品の評価基準はそれとは明確に違っています。日本でトクホとして許可されているものでEFSAの評価では科学的根拠がないとして却下されているものが複数あります。これは必要とされる科学的根拠のレベルが相当違うためです。つまりトクホに要求される水準は欧米に比べてかなり低いのです。２０１５年４月に始まったばかりの機能性表示食品については、最初の数か月で提出された文書を見る限りガイドラインで提示された条件を満たしていないものがあります。

機能性表示食品のガイドラインでは、その意図するところを忠実に読む限り、それなりにしっかりした根拠が必要であるという建前になっています。たとえば臨床試験は事前登録する必要があり、対照群と比較した標準的試験方法であるランダム化比較試験を報告する際に必要な事項をまとめたガイドラインである「臨床試験報告に関する統合基準」に従うこと、などは特定保健用食品の根拠には要求されていないものです。

そして特定保健用食品の根拠となる文献は基本的に非公開なのに対して機能性表示食品では原則公開されます。しかし実際には、臨床試験の事前登録については「食品表示基準（平成27年4月1日施行「食品表示法」の表示の基準に関するもの）の施行後1年を超えない日までに開始された研究については、必須としない」という例外規定があるためにほぼ意味がなくなっています。試験の質を確保するために重要な項目なのにそれに例外を認める、ということは最初から骨抜きを狙っていたとしか思えません。

消費者庁の説明では臨床試験の事前登録が必要ですと強調しておきながら実際には事前登録された試験は最初の数十件の届け中にはほとんどないという状況なので、虚偽・誇大広告です。さらにその個々の届け出内容についても各種消費者団体などが疑義を提出しているものの、疑義があってもそれに対応することが求められていないので店頭で商品を見た消費者にどこまで情報が伝わるのかわかりません。

そして機能性表示食品の制度を支持する意見としてもっとも大きいものの一つが根拠となる情報の開示ですが、これもそれほど手放しで喜べるようなものではありません。建前としては消費者が開示された根拠を見て自分で判断する、ということですが、学術論文というのはそれを専門に評価している人間にとってすら評価が難しいものです。緑茶（158ページ参照）やグリーンコーヒー豆抽出物の事例（164ページ参照）にあるように、論文として発表されていてもそれが信頼できるものかどうかが簡単にはわかりません。

医薬品の世界では、効果を確認するためのデータの質を保証するために複雑なシステムが開発され進化してきたのはそれなりに理由があります。食品だからそこまで厳密でなくてもいい、としてしまったら「根拠」とはいえないものになります。一般の人たちが食品に医薬品の効果のような「機能」を期待してしまいがちな理由の一つにはメディアに溢れる「○○で△△が治った」「□□にはこんな効果がある！」といった研究結果の誇大広告があります。実際にはそのような報道のほとんどが科学的根拠とは言い難いものです。そういうものをたくさん見せられているので、本来の科学がどういうものなのかを学習する機会がなく、研究の質はどうなのかについて評価する力も育ちようがありません。

いずれにせよ日本では、欧米では科学的根拠がないと判断されるような機能性を宣伝した食品が多く販売されている、という状況はしばらく続くことでしょう。

米国のダイエタリーサプリメントは「食品」ではなく、一方で、食品とみなされるようなものにダイエタリーサプリメントとラベルに表示しても認められません。そのため、食品について根拠のない宣伝はないことを繰り返し強調しておきます。

韓国の場合

韓国にも日本の特定保健用食品と類似する健康機能食品という制度があります。国が個別商品または成分について機能性を評価して表示を認めています。

ただ実際に販売されている商品は圧倒的に朝鮮人参であり、この制度は朝鮮人参のための制度という側面があります。朝鮮人参（高麗人参）はその名の通り、朝鮮半島が主な産地で、特に韓国で強壮剤として広く使われています。

韓国食品医薬品安全処の２０１３年の発表によると、12年の健康機能食品生産実績で総生産額は1兆4、０９１億ウォン、そのうち46％の６４８４億ウォンが紅参（朝鮮人参）製品でした。これでも割合はかなり減っていて２０１１年度は総生産額1兆3、６８２億ウォン、紅参製品生産額7、１９１億ウォンの53％です。２０１２年度の生産額2位がビタミン・ミネラルで11・7％（１６４6億ウォン）、３番目のアロエ４・９％（６８7億ウォン）ですから朝鮮人参の人気がわかります。

韓国人にとって朝鮮人参は強壮作用以外にもいろいろな症状に効くと信じられていて、その成分や効果の研究も非常に活発です。ＰｕｂＭｅｄに収載されていてインパクトファクター（文献引用影響率）もついている、朝鮮人参研究専用の学術誌もあります。しかし普通の、いわゆる西洋医薬品のような、明確な病気を治療するような効果は見つかっていません。臨床研究も数多く行われていますが、その評価は効果を認められる水準ではありません。健康機能食品という枠組みは、この朝鮮人参の曖昧な効果を認める制度としてちょうど良かったのでしょう。

逆にいうと韓国の健康機能食品の評価水準は、朝鮮人参の効果を認められるレベルでなければならなかったのでしょう。つまり、韓国人にとっては朝鮮人参はいろいろな主観的症状に「明らかに効く」のですが、韓国人以外にはあまり効果がなさそうだ、ということです。国民レベルでのプラセボ効果（有効成分を含まないものであってもそれが効くと思って使用すると実際に効果がみられることがある）が働いているように見えます。韓国人にとって朝鮮人参の価値は疑いようもなく高いので、国際流通する食品の基準を設定しているコーデックスでの朝鮮人参への残留農薬基準の設定なども熱心に推進し、国を挙げて海外に売り込む準備を進めています。

食品の一つとしての朝鮮人参には特に問題はなく、取引は行われていますが、機能性を認めている国は韓国のみです。漢方薬の文化圏である日本は最も売りやすい市場のひとつだと考えられますが、日本人に対しても韓国人と同様に朝鮮人参が強力な「効果」を発揮するかどうかはわかりません。

さらに2015年4月には健康機能食品の信頼を大きく損ねる事件がおこりました。閉経期の不定愁訴（気分の落ち込みやいらいら、寝付きが悪い、などの多様な症状）を改善する女性ホルモン様の効果があると宣伝され、健康機能食品原料として売り上げを伸ばしてきていた白首烏《びゃくしゅう》という生薬に、よく似た別の植物である異葉牛皮消《いようぎゅうひしょう》が混入していることが明らかになったのです。最初は韓国消費者院の調査で市販の白首烏製品の相当部分にニセモノが使われていることが発表され、その後食品医薬品安全処が、原材料を供給しているナチュラルエンドテック社が保管していた白首烏から異葉牛皮消を検出し、原料段階からニセモノが混じっていることが確認されました。

その後の広範な市販品の検査でも、表示と違うものを使っていることが相当な割合であること、農産物段階でも白首烏として販売されていた31件を検査した結果、19件が異葉牛皮消であったという惨憺たる状況が明らかになりました。

これをきっかけに健康機能食品としての認可のプロセスやニセモノ製品の安全性への疑問も噴出し、企業の株価も暴落しています。関連商品の数も多く、企業側の説明が一貫していないことや最終製品には加工によりDNAが破壊されて残っていないために検査での確認ができないものも多いことなどから、いつからどこまで混入していたのかなどの全容解明には時間がかかるかもしれません。

さらにこの問題は韓方薬にも飛び火し、食品医薬品安全処の検査で、白首烏を含むとされる医薬品5製品中4製品から異葉牛皮消が検出されるという事態になっています。これは医薬品としては許容できないレベルで、韓方薬全体の信頼性を著しく損なうものです。生薬の原材料が確かにそのものであるということを確認し、有効成分や指標成分などで天然物によくある品質のばらつきを管理するというのは天然物を医薬品として使う場合の基本中の基本です。それがまったくできていなかったことを明らかにしてしまったのです。

ナチュラルエンドテック社が健康機能食品として申請して認可されたのは「白首烏を含む複合抽出物」で、その効果は閉経期女性の不定愁訴の改善というものです。評価項目の多くは患者の主観的評価であるため、プラセボ効果がでやすいと思われます。そのため販売されていた商品の大半がニセモノであっても、消費者がそれに気がつくことはなく、評判がよいからと売り上げを伸ばし続けていたのでしょう。背景には閉経期症状の緩和に有効であることが立証されていて医薬品として使用されている合成ホルモン剤に対する過剰な批判とそれによる漠然とした不安や、天然物なら合成品より良いという一般に広まっている思い込みなども貢献していたようです。いわゆる健康食品の機能性というのは、そういう場合に消費者に受け容れられやすいことを如実に示す事例といえます。

また異葉牛皮消の安全性はどうなのか、とメディアから追求された食品医薬品安全処は、白首烏についても安全性の根拠となるしっかりしたデータがないために、異葉牛皮消と白首烏の両方について、普通の医薬品や食品添加物について実施されている標準的な安全性試験をこれから実施する計画であると発表しました。天然物だから、伝統的に使われてきたから、という理由で安全だとみなしてきたのですが、それでは説得力がないということを規制当局はもちろん、一般国民も実は認識しているのです。

現代科学技術への不信を主張して伝統や自然を謳って売り上げを伸ばしてきた伝統薬やいわゆる健康食品が、結局頼りにするのは現代科学の標準試験法なのです。ただ食品の場合、医薬品や食品添加物のようなレベルでの安全性のハードルをクリアできるものはほとんどありません。生薬成分なら微量しか摂らないのでクリアできる可能性はありますが、食品だから（医薬品と違って）安全で安心できると主張してきた業界はその欺瞞を暴露されたのです。

この事件をきっかけに食品医薬品安全処は健康機能食品制度を見直すと言っています。

以下で食品の機能性に関して具体的な事例を見てみましょう。

消費者を誤解させる事例

事例1――たとえポジティブリストになっても消費者を誤解させる宣伝は可能

ＥＵでは健康強調表示がポジティブリスト制になり、予め科学的評価により認められたことしか表示・宣伝できないようになりましたが、それで消費者が誤解させられるような誇大広告が一掃できているかというと必ずしもそうではありません。英国では広告の内容について広告基準庁（ＡＳＡ）が監視・指導を行っています。その判断事例をいくつか紹介します。

ＡＳＡの判断基準は誤解を招くような宣伝はさせないという意志が明確で、厳密な科学的根拠を要求します。

●髪の毛が薄くなってきた女性向けのビオチンを含むサプリメントの宣伝

ＥＵが認可している強調表示は「ビオチンは正常な毛髪の維持に寄与する」までです。しかし、「毛髪成長のための正常な毛髪成長サイクルをサポート」「毛髪成長サプリメント」という表現でサプリメントを使用する前と使用後の女性の画像とともに「科学的に証明されている」と宣伝していました。

製品を販売しているファルマ・メディコ（Pharma Medico）社は「正常」というのは製品を使用した場合に髪が生えることだと主張していますが同じ宣伝で「女性の46％は髪の毛が薄くなることを経験している」という記述もあり、同社は加齢とともに毛髪が薄くなっていくのは「正常」であることを理解していると考えられます。したがって製品の宣伝は「正常な毛髪の維持」の範囲を逸脱していると判断されました。また栄養強調表示は栄養について強調表示を認めているものなので「ビオチンは」正常な毛髪の維持に寄与すると記述せねばならず「この製品が」ではありません。したがって広告基準違反と判断されています。

これは「正常」の意味が問題になっています。人間は赤ちゃんとして生まれて成長して体力や能力が増加して成人になり、やがて年老いていろいろな機能が低下していきます。子どもが大きくなるのも高齢者の機能がある程度低下するのも「正常」です。栄養素が不足したりすると「正常」な範囲を外れて成長が少なかったり早く機能が衰えたりするのですが、どこまでが「正常」なのかは状況によって結構難しい判断になります。もし若い人が栄養不良のせいで毛髪の発育が滞っていてそれが栄養を補うことで正常に回復した、という話なら認可されている強調表示の範囲内です。しかし高齢になって栄養が足りないわけではないけれど自然に髪が薄くなった場合には、サプリメントで若い頃のような毛髪に戻ることはないでしょうしそのような強調表示は認められていません。写真などの画像も広告の一部なので認可されているリストにある文章を使ったからといって許可されているとはいえません。ある程度の年齢の人がサプリメントで「若返る」のは「正常」ではないのです。

●亜鉛や葉酸などを含むビタミンサプリメント〝プレグナケア・コンセプション〟の、「赤ちゃんが欲しい人に」という宣伝

このサプリメントの宣伝が誤解を招くという苦情に対して、企業からは「役立つ」とか「助ける」といった文言は使っておらず葉酸は推奨量を含むとの説明がありました。個々の宣伝の文言などに明確な違反はなく、「亜鉛は正常な生殖能力に寄与する」などは認められた表現でした。しかしこの商品名（妊娠ケア受胎という意味）と宣伝全体からこのサプリメントは妊娠するのに役立つという印象を与えると判断され、妊娠可能性が増えるあるいは妊娠に役立つという健康強調表示は個別に認可が必要なもので、この製品には認可されていないので基準違反と判断されました。

この事例では商品の名前も宣伝の一部と判断されています。広告の内容が認可された文言通りであっても商品名が明らかに機能性を謳っていることが消費者の誤解を招くという判断です。日本語だと「ばっちり妊娠」「受胎成功」といった商品を想像するとわかりやすいかもしれません。「赤ちゃんが欲しい人に」と書いてあって、妊娠できることを連想させる商品名なのに効果効能は宣伝していない、という主張は通らないという判断です。

●マキシニュートリションプロテインのテレビ宣伝

「マキシニュートリションは筋肉が回復するのに必要なタンパク質を供給することに役立ち、あなたをより強く、より良いパフォーマンスにするのに役立つ」「マキシニュートリションタンパク質は筋肉の回復に役立つ」は、EUで登録が必要な強調表示であるという苦情が出されました。販売企業のグラクソ・スミスクラインはどちらもEFSAが評価してEUが認可した健康強調表示だと主張しましたが、EUの認可した強調表示は「タンパク質は筋量の成長に寄与する」「タンパク質は筋量の維持に寄与する」で、「あなたをより強く、より良いパフォーマンスにする」「タンパク質が筋肉の回復に役立つ」というものではない、と判断されました。

またマキシニュートリション製品の中には、タンパク質が強調表示の基準に満たない含量のものがあるのに宣伝ではどれについての主張かがわからないといった理由で広告基準違反と認定しました。

筋肉を作るのにタンパク質は必要ですが、タンパク質を摂ったただけで強くたくましくなれるわけではない、ということが基本にあります。宣伝ではいかにも強そうな筋肉隆々のアスリートが一連の商品で強くなれるようなイメージを与えますが、栄養強調表示ではそこまで認めていません。そして製品の栄養強調表示をする場合には成分に明確な基準があるのでそれに準拠する必要があります。

●ビタミン入り飲料ライビーナの宣伝について

ビタミンに関する健康強調表示はEFSAが認めたものに限定されていますが、一定の柔軟性は認められています。しかしビタミンAについてEFSAが認めているのは「通常の視覚の維持に寄与する」です。しかし、宣伝文句は「視覚を最高状態に保つ」であり、これは認められた表現を逸脱していると判断されました。

免疫についても認められているのは「正常な免疫機能に寄与する」であり、「ビタミンAは免疫（力）にとって重要」「ビタミンCは免疫（力）に役立つ」は意味が異なり、認可されている表現の「正常な免疫系の機能」を「免疫力」に変えることにより消費者は感染症や病気と闘うのに役立つと考えるだろう、と判断しました。

さらに「ビタミンCは細胞を酸化的ストレスから守るのに寄与する」を「ビタミンCは抗酸化物質」と変更したことで、消費者にはもとの意味がわからなくなってしまいます。したがって広告基準違反と判断しました。

ビタミン類は不足している場合には不足による機能低下を回復させるものの、普通の状態のものをそれ以上にすることはない、ということが基本にあります。「最高状態」や「マックス」「頂点」というのは「普通」より良いことを意味するので誤解を招くのです。

免疫については、日本語では「免疫力」と表現されているものと「正常な免疫機能」との違いです。「免疫系の機能」という言葉は学術用語として存在しますが「免疫力」は医学用語ではありません。何を指しているのか明確でないままに一般の人に「なんとなくいいもの」として認識されています。たとえば感染性微生物を攻撃するのは免疫系の機能ですが、何に対しても攻撃してしまうようだとアレルギーのような困ったことになります。「免疫力」という言葉では微生物を攻撃する力が強いことを免疫力が高いといっていたかと思えば、花粉症は免疫力が低いからといってみたりと何のことを指しているのかわかりません。「免疫系の機能」という用語を「免疫力」に変えると字面はあまり変わっていないもののその意味するところが違ってしまうので、そのような改変は認めない、ということです。

ASAの裁定では一般的な消費者が宣伝や広告を見た場合に普通に受け取る印象が、誤解を招くものではないことを判断の基準にしています。

日本では高橋久仁子先生がキャッチコピーの行間を読んではいけない、と常々主張しておられます。架空の清涼飲料の例を示して、これには「脂肪が燃焼する」とも「脂肪はさようならできる」とも書いていないので日本ではおとがめなしになってしまうと指摘されています

燃焼系飲料 *SLIMMING*

「カルシウム」「食物繊維」は補給。「カロリー」「脂肪」はさようなら。 ***SLIMMING*** はアンバランスな現代人の食生活を考えたカプサイシン入り飲料です。カプサイシンはトウガラシに含まれる辛み成分。体脂肪の燃焼を促進する作用があるといわれます。ちょっぴり辛い ***SLIMMING*** をダイエットのおともに。 ***カロリーオフ***

栄養成分（100 ml あたり）: エネルギー 19 kcal　タンパク質 0 g
脂質 0 g　糖質 4.7 g　ナトリウム 12 mg　カルシウム 7 mg
食物繊維 0.3 g　内容量 500 ml

図17　架空清涼飲料水のキャッチコピー

（図17）。SLIMMINGという商品名であったとしても、これで痩せると思うのは騙される方が悪いといわれてしまうわけです。ASAならこれは広告基準違反と判断するでしょう。

事例2――プレスリリースで誤解させる（緑茶の健康効果）

食事と健康に関する正確とは言い難いニュースが世の中に溢れていることについて、研究者はメディアが間違った報道をするせいだと考えています。もちろんメディアの問題は大きいのですが、研究者の発表にも問題がある、という論文が2014年12月に医学雑誌BMJに発表されました。これは英国の20の主要研究機関が2011年に出したプレスリリース462件を対象に、その内容について吟味したもので、全体として40%ものプレスリリースがもともとの論文よりセンセーショナルな内容だったと報告しています。1／3は単なる相関を因果関係があるかのように強調し、36％は動物実験の結果をヒトでもあてはまるかのように誇大に宣伝していたのです。

この論文の著者らは、大学などの研究機関が、研究資金や学生を集めるための競争が激化するなかでセルフプロモーションを活発にせざるを得ない圧力がある、と考察しています。しかし科学者自らが正確でない誇大宣伝をし続ければ、公衆衛生上良くない影響を及ぼしかねず、一般の人々から科学への信頼が損なわれていくことでしょう。これは英国の研究機関の発表についての調査ですが、日本でも状況はあまり変わりません。

2014年5月、緑茶は健康によいというニュースが流れました。一部のニュースの見出しは「〈毎日1杯でリスクが1／3に〉緑茶を飲む習慣と認知機能低下との関連を発表――金沢大学」というものでした。もとになったのは金沢大学によるプレスリリースで、ニュース報道は「緑茶を飲む習慣と認知機能低下との関連を発見！」というびっくりマーク付きのプレスリリースの内容をほぼそのまま伝えています。プレスリリースの文章は、

「緑茶を飲む頻度と、その後の認知機能低下との関連を研究し、その結果、約5年後に認知機能が低下しているリスクが、緑茶を全く飲まない群と比べて、緑茶を週に1～6回飲む群では約1／2に、緑茶を毎日1杯以上飲む群では約1／3に減少していることを見いだしました。この結果から、緑茶摂取習慣が認知機能低下に予防的効果を有する可能性が示唆さ

コーヒー				紅茶		
無	1－6日/週	毎日	P値（傾向）	無	1－6日/週	P値（傾向）
98	180	212		404	86	
78.4	76.1	75.1	<0.001	76.3	75.3	0.251
(5.9)	(6.6)	(6.3)		(6.5)	(6.0)	
4.9	4.9	4.9	0.963	4.9	4.9	0.940
(0.8)	(0.8)	(0.9)		(0.8)	(0.9)	
27.0	28.0	29.0	0.016	28.0	29.0	0.543
(0.3)	(0.3)	(0.2)		(0.2)	(0.3)	
-0.77	-0.64	-0.29	0.181	-0.48	-0.67	0.467
(206)	(3.2)	(2.4)		(2.8)	(2.9)	
7	11	8	0.181	20	6	0.430
(7.1)	(6.1)	(3.8)		(5.0)	(7.0)	
13	23	28	0.985	54	10	0.728
(13.3)	(12.8)	(13.2)		(13.4)	(11.6)	

れ、また、緑茶に含まれる天然化合物の作用機序の解明により、有効かつ安全な認知症予防法開発につながることが期待されます」でした。添付されている詳細な報告では研究の結果として、

「追跡調査に参加した490人（平均追跡期間4・9年）のうち26人（5・3％）の認知症発症と64人（13・1％）の軽度認知障害発症を確認しました。緑茶を飲まない群を基準（オッズ比＝1）とした場合、週に1〜6日緑茶を飲む群の認知機能低下（軽度認知障害あるいは認知症の発症）のオッズ比（95％信頼区間）は0・47（0・25〜0・86）に、毎日1杯以上緑茶

表10 緑茶と認知機能低下の論文のデータ

	緑茶			
飲料摂取，日/週	無	1－6日/週	毎日	P値（傾向）
人数	138	195	157	
フォローアップ時の年齢，歳	78.0	75.0	75.8	0.001
	(7.1)	(5.8)	(6.1)	
フォローアップ期間，年	4.9	5.0	4.8	0.333
	(0.8)	(0.8)	(1)	
MMSE，ポイント，中央値(SE)	27.0	28.5	29.0	0.001
	(0.3)	(0.2)	(0.2)	
MMSEの差（ベースライン－フォローアップ），ポイント	-0.95	-0.27	-0.46	0.295
	(3.3)	(2.7)	(2.3)	
認知症，人	12	11	3	0.009
(%)	(8.7)	(5.6)	(1.9)	
MCI，人	31	18	15	0.001
(%)	(22.5)	(9.2)	(9.6)	

特に記述がない限り平均
MMSE：簡易精神状態検査，MCI：軽度認知障害

を飲む群の認知機能低下（軽度認知障害あるいは認知症の発症）のオッズ比は0・32（0・16〜0・64）に低下していました。一方、コーヒー・紅茶摂取と認知機能低下（軽度認知障害あるいは認知症の発症）との関連はみられませんでした」

とあります。これを見ると緑茶に非常に大きな効果があるように思うのは当然です。

ところでもとになった論文を見てみると、プレスリリースには記載のない、気になるデータがあります。表10に抜粋しましたが、オッズ比の計算のもとになった実数です。まず真っ先に、緑茶やコー

ヒーに比べて紅茶を飲む習慣のある人はあまりいない、ということがわかります。調査した地域は石川県七尾市中島町で、能登半島の日本海に近い町ですので、紅茶を飲む習慣がないのは予想できます。この調査から紅茶については何も言えない、というのが妥当でしょう。

そして注目すべきは緑茶を飲まない人の軽度認知障害の率の高さです。全集団の軽度認知障害発症率が13・1％なのに対して緑茶を飲まない人の軽度認知障害発症率は22・5％（表10の灰色の箇所）です。緑茶を飲む人で週に1～6回飲む群では9・2％、毎日1杯以上は9・6％で、他にコーヒーや紅茶についての分類では11・6～13・4％なので、緑茶を飲まない群だけ特に軽度認知障害発症率が高いといえます。

この表を見て普通考えることは、緑茶を飲まない群になにかがおこっている、ということでしょう。調査対象が日本の地方の高齢者であるということを考えると、想像はつきます。田舎では何かの集まりに参加したり誰かとおしゃべりをしたりするときにはとりあえずお茶を出すので、お茶を飲む回数が社会活動への参加と連動している可能性がある、ということです。認知症が社会的身体的活動と関連があることはすでに知られています。そしてまったくお茶を飲まない、ということがすでに何らかの不調の指標である可能性があります。したがってこの研究結果を見て考察するとしたら、お茶を飲むことで認知症リスクが下がる、ではなく、お茶を飲まないことは認知症リスクの増加と関連する、でしょう。

実は論文の討論部分では緑茶を飲むことと趣味や身体活動の活発さに関連があることが記

述されています。ところがプレスリリースにはそれはまったくなく、実数のわからないオッズ比だけを示しています。これは嘘はいっていないけれど統計を使って誤解させる方法です。そしてこの手の観察研究で注意すべきは、関連があるからといって因果関係があるとは限らない、ということです。

仮にお茶を飲まないことと認知症リスクの高さに関連があるとして、お茶を飲まないから認知症になるのだ、とはいえないということです。お茶のみ友だちがいないとか地域の役員をしていないとか逆に忙しすぎて飲む時間があまりないといったような、お茶を飲まないことと一緒に変動する要因がたくさんあり、それらの要因（交絡因子《こうらく》）が認知症リスクの真犯人である可能性の方が高いでしょう。

さらにプレスリリースでは、「緑茶に含まれる天然化合物の作用機序の解明により、有効かつ安全な認知症予防法開発につながることが期待されます」といっていますが、この研究では「緑茶に含まれる天然化合物」については、たとえば緑茶を飲むと報告した人の血中濃度を測定したといったようなことは、何も調べていません。論文の討論部分で、もしも緑茶に認知症予防効果があるのならばそれは緑茶に含まれる成分のせいかもしれない、といった仮定の話をしているだけです。前述のように、お茶を飲むことで認知症リスクが下がること自体が証明されたとはいえない状況で、もしそうならこうかもしれないという仮定に仮定を重ねた話を、あたかもすぐにでも認知症予防法が期待できる発表にしてしまっています。

このプレスリリースを一般の人がみたら、とりあえずお茶を飲めばいいと考えるのは無理もないでしょう。そしてこのようなプレスリリースは実は多くの機関が毎日のように発表しています。

さらに、主要メディアが取り上げてニュースにするものには明確に一定の傾向があります。国民が喜びそうなもの、です。つまり日本ならこの緑茶のニュースのように日本食がいいといった類のものが好んで取り上げられ、欧米だとチョコレートやワインがいいというニュースが好まれ、韓国なら朝鮮人参やキムチが良いというものに人気があります。逆方向では、合成化合物が悪い、外国のものが悪いといったものも好まれます。

結果として一般の人々は科学ニュースに日々接していながら、全体的な科学的事実とはまったく違う認識をするようになるのです。これはメディアと研究機関のプレスリリースとの相互依存的な関係によるもので、どちらか一方だけが問題があるということではありません。

事例3――根拠を調べるのはいかに難しいか(グリーンコーヒー豆抽出物)

米国のDSHEA(77ページ参照)では企業が根拠をもっていればダイエタリーサプリメントに健康に関する表示ができることになっています。その「根拠」は要求されれば提示しなければなりません。日本の食品の機能性表示においても、根拠となる情報は開示されて、それを消費者が判断できるという建前になっています。しかしいわゆる健康食品の「科学的根拠」とされるものを吟味し判断するのがいかに難しいかを示す事例がこのグリーンコーヒー豆抽出物サプリメントです。

グリーンコーヒー豆抽出物は減量用サプリメントとしてテキサス州のアプライドフードサイエンス（Applied Food Science, ＡＦＳ）という会社が開発していました。このサプリメントの効果の根拠とされたのが２０１２年に『ディアベテス・メタボリックシンドローム・アンド・オベシティ：ターゲット・アンド・セラピー（Diabetes, Metabolic Syndrome and Obesity: Targets and Therapy）』という雑誌に発表された論文です。過体重の8人の男性と8人の女性が食事制限も運動もなしに同社の製品であるグリーンコーヒー抗酸化物（Green Coffee Anti-oxidant, ＧＣＡ）を飲むだけで痩せるという画期的（！）なものでした。

この雑誌はＰｕｂＭｅｄにも収載されているれっきとした「学術雑誌」で、得体の知れないオープンアクセス雑誌、ではありません。ドクター・オズ（Dr. Oz）ショーという米国で大人気の有名テレビ番組で、ドクター・オズがこの論文のコピーを振り回して素晴らしいサプリメントだと宣伝し、たちまちベストセラーになりました。しかしこの論文には問題があったのです。

食事制限も運動もなしに痩せられる、というその研究内容は、常識的に考えてあまりにも話がうますぎます。もし本当だったら、肥満に悩み巨額のお金を費やして長い間決定的な成果をあげられないでいる米国にとって大発見なのです。当然他の研究者が確認しようとします。実際にはほとんどの研究者は怪しいと思って手を出さなかっただろうことは想像に難くありませんが、少なくともオーストラリアの科学者チームが、この「ミラクル」GCAを太ったネズミに食べさせて効果があるかどうかを調べました。『ジャーナル・オブ・アグリカルチャラル・アンド・フード・ケミストリー（Journal of Agricultural and Food Chemistry）』に2013年に発表されたその結果によると、マウスに高脂肪食を食べさせた場合と高脂肪食にCGAを加えて食べさせた場合とでは体重に差がなく、CGAを加えたほうがインスリン抵抗性は悪化し肝臓の脂肪も多く、どちらかというと健康にとっては悪そうでした。

肥満やメタボリック症候群の治療薬を探る研究においては、動物実験では効果が見られるのにヒトでは効かないというものは非常に多いのですが、動物で効果がないものはまずヒトでは効きません。実験動物の生活環境のほうが人間より管理されていて効果が現れやすいせいもあります。このように科学の世界ではCGAサプリメントで痩せるなどということはありそうにない、と考えられていて反論の研究も出ていたにも関わらず、ドクター・オズやダイエタリーサプリメント業者は一般向けにグリーンコーヒー豆サプリメントは素晴らしい効果がある、この論文が根拠だ、と宣伝し続けていたのです。

しかしここで米国の公正な取引を保証するための機関である連邦取引委員会（Federal Trade Commission, FTC）が調査に乗り出します。

実はＡＦＳは自社製品の効果を確認したいと考えてインドの研究者にお金を払って臨床試験を依頼していました。ところがインドの研究者は結果を学術論文に投稿しても受理されませんでした。研究の質などに問題があったのでしょう。そこでＡＦＳは米国の「一流」大学であるスクラントン（Scranton）大学のジョー・ビンソン（Joe Vinson）とブライアン・バーナム（Bryan Burnham）にお金を払ってこの論文の書き直しを依頼し、論文として発表することができました。ところがそのインドの研究データというものが捏造だったのです。実験そのものは実施していたようですが、試験対象者の体重などの重要なデータを何度も書き換えており、最初予定していた試験期間を途中で延長し、コントロール群と投与群に与えたものを間違えて記録し、食事制限も運動もなしで体重が減ると発表していたのが実は食事制限も運動もさせていた、ということです。

ジョー・ビンソンとブライアン・バーナムはもらったデータを形を整えて論文にしただけで研究実施には関与していないため、２０１４年10月にデータの信頼性に問題があることがわかったとして論文を取り下げました。この論文の責任著者はインドの研究者ですが、著者3人中2人の申し出で取り下げが決定しています。２０１５年5月現在ＰｕｂＭｅｄのデータベースにあるこの論文にアクセスすると、「この論文は取り下げられている」旨の表示があります。

このような経緯を米国ＦＴＣが調査し、２０１４年8月にＡＦＳ社に対して３５０万ドルの支払いを命令しました。ドクター・オズがこの製品の宣伝をしたことについてはＡＦＳ社の直接の関与は認定されていません。ドクター・オズは、グリーンコーヒー豆抽出物を宣伝していたことを、まるでなかったかのように過去記事や動画の記録から消しています。

一方グリーンコーヒー豆抽出物の販売企業のリンゼイ・ダンカン（Lindsey Duncan）社長は、自らを「ドクター」と医師であるかのように見せかけてテレビに出演してこの製品で痩せると宣伝し、役者さんにお金を払って「私もこれで痩せた」という体験談を語ってもらっていました。お金で嘘を言わせたということは隠しています。このことが明らかになったため２０１５年1月26日に詐欺的な宣伝を中止することと９００万ドルを支払うことで合意しています。９００万ドルは、この製品を購入した消費者に返金するのに使われます。

このように「グリーンコーヒー豆抽出物」で痩せるという話はまったく根拠がないことが明らかになっていますが、今でもたくさんの企業がグリーンコーヒー豆抽出物入りダイエット用サプリメントを販売しています。なかには各国の規制当局の調査により、下剤成分や使用禁止になった食欲抑制剤成分、あるいは減量とはまったく関係のない薬物などが検出されてリコールされているものもあります。

一般の多くの人はＡＦＳ社のグリーンコーヒー豆抽出物サプリメントの顛末を詳しくは知りません。ニュースで話題になっているときには多少聞きかじっていたかもしれませんが、細かいことはやがて忘れ去り、「グリーンコーヒー豆」と「痩せる」という言葉の結びつきだけがなんとなく印象に残っただけでしょう。それは十分な宣伝として作用し、結局グリーンコーヒー豆抽出物はサプリメントに使われ続けているのです。実際の内容物はコーヒーとはまったくかけ離れたものであっても。

この話は今の日本人ならSTAP細胞を巡る一連の騒動を連想することでしょう。ずさんな実験をし、データを都合のよいものに改変して、実験には関与していない人が論文を仕上げるのに大きな働きをした。専門家が見れば明らかにおかしいものなのにメディアが持ち上げ、科学的に否定された後でも期待し続ける人たちがいる。

つまりこういうことはそれほど珍しくないのです。業績のために研究倫理にもとる行動をする科学者たちは一定数いて、お金のために動く周辺の人たちもいる。だからこそ医薬品の安全性と有効性の確認のための試験には自由度が全くないような厳しい取り決めが発達してきたのです。大学の研究者は「研究の自由」という大義名分を隠れ蓑にすれば、研究上の不正行為をするのはずっと簡単です。そういう実態があるので、単純な間違いの場合も含めて、科学者は一つの論文だけで判断したりはしないのです。

ところで一消費者の立場からは、このような不正な論文を見抜くのは非常に困難です。ほとんど不可能といっていいでしょう。つまり、いわゆる健康食品を購入するとき、消費者は圧倒的に不利な取引をしているのです。

もうひとつおもしろいことは、ここではもとの英文をそのまま「グリーンコーヒー豆抽出物」と訳しましたが、これは日本では食品添加物の「生コーヒー豆抽出物」と同じものです。定義は以下のようなものです。

生コーヒー豆抽出物：コーヒーの種子から得られた、クロロゲン酸およびポリフェノールを主成分とするものをいう。アカネ科コーヒー（Coffea arabica LINNE）の種子より、温時アスコルビン酸またはクエン酸酸性水溶液で抽出して得られたものである。有効成分は、クロロゲン酸およびポリフェノールである。酸化防止剤。

英語名はCoffee bean extract（コーヒー豆抽出物）ですが、「グリーン」をわざわざ付け加えることによって何となく健康によさそうというイメージを持たせようとしたようです。

普通の加工食品の原材料欄に食品添加物の酸化防止剤と書いてあったら、たとえほんの少しでも入っているものは避けたいと感じるものが、食品添加物としての使用量とは比べものにならないくらい大量に含む錠剤がサプリメントとして販売されていたら何だかよさそう、となってしまうのがこの例です。

そして生のコーヒー豆は焙煎した褐色のコーヒー豆に比べれば「緑色」に近いかもしれませんがどちらかというと青みがかった灰色のような色で鮮やかなグリーンとはほど遠いもの

です。ところが「グリーンコーヒー豆抽出物」サプリメントの宣伝やパッケージに使われているイメージ画像は新緑の緑のような鮮やかな色の豆です。しかしこれはよく見ればよくある焙煎したコーヒー豆の写真を、画像操作で色を変えただけのものであることがわかります。もちろん豆の色と抽出物の色は直接関係ありませんが、いわゆる健康食品のマーケティングにはそのような感覚に訴える手法がよく使われているという例です。

事例4——チョコレートで痩せる

2015年の春に、食品の健康効果に関するメディア報道がいかにデタラメであるかを実証した事件がありました。

2015年3月に『インターナショナル・アーカイブズ・オブ・メディシン（International Archives of Medicine）』という雑誌に「チョコレートで痩せる」というタイトルの論文が発表され、著者であるヨハネス・ボハノン博士（Johannes Bohannon, PhD）の所属する「食事と健康研究所」からプレスリリースが出され、地元のドイツのタブロイド紙ＢｉＬＤに始まり世界中20か国以上6か国語以上の言語で報道されました。

研究の内容は、低炭水化物ダイエットに毎日チョコレートバーを1つ食べることで食べない場合より10%早く痩せるというものでした。ところが2015年5月に分子生物学の学位をもつジョン・ボハノン（John Bohannon）博士がこの論文を書いたのは自分で、ドイツのドキュメンタリー映画の制作者二人に依頼されて行った実験であったことを告白したのです。

事件の経緯は以下のようなものでした。

ドイツのジャーナリストピーター・オニーケン（Peter Onneken）とダイアナ・ローブ（Diana Loebl）が「食の研究とメディアの腐った関係を暴露するための」ドキュメンタリー映画を考え、ヨハネス・ボハノン博士に計画を持ちかけました。ヨハネス・ボハノン博士はしばらく前にオープンアクセスジャーナルの危険性を暴露したことで有名でした。

オープンアクセスジャーナルというのはほぼウェブ上のみで、公開で論文を発表している雑誌のことですが、非常に質の低いものが氾濫していることがすでに知られていました。科学雑誌は普通その分野の科学者が査読をして一定の質に満たないものは却下すること（ピアレビュー）で質の確保をしているのですが、インターネットの発達で紙媒体では発行しない電子版のみの「雑誌」が急増しました。多くがインドや中国といった途上国のドメインで、著者が払う掲載料を目的に、内容はほぼ精査しないで掲載し雑誌のふりをしているものです。

紙媒体がメインのときにも掲載料で稼ぐことが目的の雑誌はありましたが、それなりのお金がかかるためにそれほど多くはなかったのです。

学術論文を発表して論文の連絡先にメールアドレスが記載してあると、この手の雑誌や学会から投稿依頼、発表依頼が毎日のように届きます。昨今研究者には論文発表や学会発表などの「実績」の数を増やせという圧力が高まっているので、このような詐欺的学術出版を利用して業績を水増ししたいという研究者もいるのです。それなりの研究者であっても詐欺的国際学会や詐欺的学術出版を業績リストに入れている人もいます。ヨハネス・ボハノン博士はそのような現状を暴露するために、質の低い「学術論文」を書いて投稿するという実験を行ったのです。

ヨハネス・ボハノン博士は2013年に意図的に欠陥を含ませた「素晴らしい植物抽出物」の論文を304バージョン、オープンアクセスジャーナルに投稿しました。そのうち98論文が却下され、157論文が受理されたのです。この「問題のある論文を受理した」雑誌には大手学術出版社の雑誌も含まれ、日本の神戸大学の発行している雑誌も含まれていました。このことはピアレビューが機能していない雑誌が相当数あることを示しています。

そしてそのヨハネス・ボハノン博士に連絡をとったドイツ人ジャーナリストは、実験に参加する人を集めるための数千ユーロと、実験に協力するドイツの医師1人、そしてデータを「揉んで」くれる統計学者の友人を準備しました。彼らはフェイスブックで1人150ユーロで3週間のダイエットに協力してくれるフランクフルト近郊の人たちを募集しました。彼らにはダイエットについての映画を撮影することが目的だと告げましたがそれ以上は教えませんでした。

冬に、19歳から67歳の男性5人と女性11人が集まりました（実験では1人脱落）。ダークチョコレートを使うというのはドイツ人医師ギュンター・フランク（Gunter Frank）のアイディアでした。ダークチョコレートが身体に良いという思いこみはまるで宗教のようだから、というのがその理由でした。

血液検査と健康診断を行ってから、試験対象者は、食生活にまったく変更なし、低炭水化物ダイエット、低炭水化物ダイエットに毎日1・5オンス（40グラム程度）のダークチョコレートを加える群、の3群に無作為に割り付けました。

3週間毎日自分で体重を測定し、試験後に血液検査やその他の質問をしています。そして得られたデータは経済アナリストのアレックス・ドロステ＝ハールス（Alex Droste-Haars）に「揉んで」もらいました。そして何もしない対照群の体重変化はゼロ付近を行ったり来たりしているのに対して、低炭水化物ダイエットの群では対照群より約5ポンド（2・2キログラム程度）減っていて、チョコレートを食べた群ではチョコレートを食べない群より10％（約200グラム）多く減り、しかもコレステロールの値は良かったのです。

しかしこれにはちょっとした仕掛けがあります。まずたくさんの項目を調べるとそのうちいくつかに必ず「統計学的有意差」がつきます。この研究では15人について18項目の検査を行っていて、まったく差がなくても一つくらいは有意差がつくのが普通です。

さらにわざと少人数にしたことで自然の変動の影響が大きく出ます。女性の場合生理周期によっても2キログラム程度の体重変動はあり得ることで200グラムの差なら普通は意味があるとは考えないでしょう。こうしてたまたま有意差がついた項目を大げさに取り上げてチョコレートで痩せるという論文を書きました。そしてどんな論文でも発表してしまうニセの科学雑誌20誌に投稿しました（ちなみに同じ内容の論文を複数の雑誌に投稿する行為は研究倫理にもとる行為としてやってはならないことです）。

複数の雑誌が24時間以内に受理の返事をしてきました。これはまったくピアレビューがなされていないということの証拠でもあります。

最終的に彼らはInternational Archives of Medicineを選び、掲載料600ユーロを払ったら2週間後に、たった1語も変えることなく発表されました。通常どんなによくできた論文でも査閲者から一つや二つの指摘はあるものです。ましてこれだけの少人数で強引な結論の論文を、まともな研究者がレビューして一つも指摘がないということはあり得ません。しかし実際にはレビューはされなかったのです。

次にボハノン博士らが行ったのは研究所のプレスリリースを書くことです。研究所は実在しませんが、それっぽいホームページを作って、科学の広報を行っている友人に手伝ってもらって、できるだけメディアが好みそうな「フラボノイド」「生理活性物質」のような言葉を選んで、ただし嘘は書かないように注意して魅力的なプレスリリースを英語とドイツ語で作りました。実験を何人で行ったかは書かず、体重減少についても具体的数値は書かずに10%も差があった、と書いたのです。２００グラムと書いていたらインパクトは小さかったでしょう。そしてメディアに売り込み、ニュースになり拡散されていくのを眺めていたのです。結果、プレスリリースの連絡先への取材内容は、「なぜチョコレートで痩せるのか」「どうしてこのような研究を思いついたのか」で、研究の内容についての質問はなく、客観的評価を第三者に求めた記者はいないようでした。多くのメディアは取材をすることなく、そして多分もとの論文すらろくに読まずに、プレスリリースの単語を並べただけで記事を書いていました。このニュースを取り上げたのは、紙媒体も持っている大手通信社ではなく、ウェブニュースや健康雑誌でした。そしてそれに対してネットの無名の読者が研究の方法や結果について疑問があるというコメントを書いていました。そのような質問こそが、記者たちが著者に問いかけるべきものだったのに、記者たちは質問をすることはなかったのです。

この事例はいくつもの問題点を明らかにしています。

一つは学術論文のふりをした、単なるお金儲けのための無数の雑誌出版社があり、一般の消費者には区別がつきにくいことです。専門家ならある程度わかりますが、そうでない場合には生命科学分野なら最低限ＰｕｂＭｅｄのインデックス作成対象になっている雑誌のみを学術論文と考えるべきでしょう。科学雑誌を偽装した、科学に寄生する出版社である疑いがある出版社のリストはスカラリーオープンアクセス（Scholarly Open Access）に掲載されています。ここにあるような出版社には投稿しないこと、このような出版社の出す「論文」は参考にしないことをお勧めする、というものです。

権威ある学術雑誌であっても個々の論文の質はばらばらで時には問題のある論文が発表されて取り下げられるということは珍しくはありませんが、ここでいう「論文」はそういうものとはまったくレベルの違うものです。似たような学術分野の「権威」を偽装するものとして、ディプロマ・ミル（学位製造工場）と呼ばれる、お金で「学位」を買うことのできる、大学としての教育基準を満たさない「大学」を称するところの問題もあります。主に米国での問題ですが、時々日本の大学の教員にこの手の「学位」で採用された人がいることが明らかになって問題になることがあります。

次にメディアはもとになった論文を見ずにプレスリリースを丸写ししがちであることとです。さらにこの「研究」自体は嘘ではなく単に質が低いだけなのですが、このような「研究」は食品の健康影響という分野では決して珍しくありません。そして「チョコレートで痩せる」のような、消費者にとって魅力的な内容は特にウェブニュースや健康雑誌が好むもので、消費者はこのような根拠のほとんどない「情報」に常に晒されて毒されている、ということです。

ボハノン博士は「栄養に関しては、毎日がエイプリルフールである」と述べています。

そして日本で始まったばかりの機能性表示制度の根拠として業界大手が提出したのがこの偽装学術出版社として名前の挙がっている出版社による「論文」だったということは知って

おいたほうがいいでしょう。

事例5——過去の研究の亡霊（デザイナーフーズピラミッドとORAC）

科学は仮説を立て、検証し、より優れたものを採用していくという不断のプロセスです。常に未完で、現在最良とみなされている説でも、将来はより優れた説にとって代わられる可能性があります。現在生き残っている説は、過去のたくさんの棄却された説よりはましなものです。科学者はしばしば特定の仮説を立証しようと努力しますが、うまくいかず諦めざるを得ないことのほうが多いのです。ただそれほど簡単に白黒がつくわけではなく、流行していた説が、見込みがないと考えられるといつの間にか誰も研究しなくなって自然に忘れられていくようなことが多いのです。見込みのある説や確立されたことについては精力的研究が続けられるので、常に新しい知見が加わり続けます。

そうしたプロセスの中で、一時的には有力な仮説とみなされていたもののその後の研究で支持されなかったものが、科学の世界ではなくマーケティングツールとしていつまでも世間に残っている場合があります。日本でのその代表的なものがデザイナーフーズピラミッドとORACです。

●デザイナーフーズピラミッド

これはもともとは1990年代に米国国立がん研究所（NCI）でがんの化学予防のため

に、食品中に含まれるがんを予防するのではないかと考えられる化合物（ファイトケミカル）を探る研究に由来するものです。デザイナーフード計画（Designer Foods Program）と呼ばれるこのプロジェクトは、がん予防効果の高い食品をたくさん食べればがんを予防できるのではないかという考えに基づいて、がん予防効果が高いであろう食品のリストを作っていました。それがデザイナーフーズピラミッド（Designer Foods Pyramid）です。

１９９０年代はサプリメントブームの全盛期でもあり、がんの化学予防が史上もっとも強く信じられていた時代といってもいいでしょう。ニンニクやアブラナ科の植物などが含む硫化アリル、インドール類、イソフラボン、イソチオシアネート、ポリフェノール、サポニン、テルペン類などががん予防になるのではないかと考えられました。当時は、たとえば特定の食品を多く摂ったり普通の食品に特定の化合物を添加したりあるいはサプリメントを摂ること、でがんを予防できるのではないかと比較的楽観的に考えられていたのです。

しかしがん化学予防という考え方は、サプリメントによるがん予防大規模臨床研究が次々と失敗したのを受けて急速に下火になります。野菜や果物をたくさん食べることががんの予防になんらかの役割があったとしても、それは特定の成分だけをたくさん摂ることによっては代替できないという考え方が優勢になります。やがてデザイナーフード計画は終わり、他の多くの成功しなかった研究プロジェクト同様、これといった提言もないまま研究チームは解散しデザイナーフーズピラミッドは忘れられていった、はずでした。

ところがデザイナーフーズピラミッドはその後日本で生き延びます。現在ウェブを検索すると本家の米国ではデザイナーフード計画もデザイナーフーズピラミッドもほぼ忘れられていて歴史的文書に痕跡が残っているだけにもかかわらず、日本語の「デザイナーフーズピラミッド」ではたくさんの記述がみつかります。その多くが学術雑誌や研究報告ではなく、健康食品業界や代替医療業界です。

今でもメディアには、「デザイナーフーズピラミッド」を引用して「ニンニクががん予防のためのベストの食材です」といったことをいう人たちが出てきますが、その場合1990年代より新しい研究成果が紹介されることはないし、世界中の食品安全機関や医療機関がニンニクをなんらかの形で薦めているということもありません。

ニンニクをよく食べる韓国やイタリアのような国でがんが特に少ないというわけでもないのです。今の時代に何十年も前の図を使い続けているということ自体、科学ではないと判断できるでしょう。そもそもがんというのはたった一つの病気ではなく、非常にたくさんの種類があり、性質はそれぞれ違います。すべてに対して効果がある万能の解決法であるかのように主張しているものは科学ではありません。

●ORAC

もうひとつのよくある説が「抗酸化」です。がんや慢性疾患の原因は酸化だから、抗酸化物質を摂れば病気予防になる、という説です。確かに一部の発がん物質は酸化反応で生じますし、ＤＮＡやタンパク質のような生体内高分子が酸化的修飾をうけて機能を損なうことはあります。しかし酸化還元反応は生体の機能にとって必須の反応であり、それをすべて抑制することはできません。

たとえば生きるための呼吸はまさに酸化反応です。それを抑制するのが常に「良いこと」であるはずがありません。いつ、どの組織で、どの反応が問題なのかを同定することなく「抗酸化」が良いといっていること自体、科学ではないと白状しているようなものですが、一般人のみならず研究者にもこの手の主張に疑問をもたず受け容れているように見える場合があります。

さてその抗酸化仮説に関連して、野菜などの食品の抗酸化活性を測定し評価しようという試みがありました。その一つが１９９０年代に米農務省（ＵＳＤＡ）と国立老化研究所（National Institute on Aging）の研究者らにより開発された酸素ラジカル吸収能（Oxygen Radical Absorbance Capacity, ＯＲＡＣ）です。酸化還元反応というのは化学的にはたくさんの種類がありいろいろな方法でいろいろなものを測定して抗酸化作用があるということができます。ある人は体重計で果物の重さを量り、別の人は巻き尺で果物の高さを測っていて他の人は絞ったジュースの量をメスシリンダーで測ってそれぞれが「これがこの果物の量だ」と主張しているようなものです。それぞれで何かを計ってはいるのですがそれでは他のものとは比較できないので、統一した指標としてこれはどうか、と提案されたのがＯＲＡＣです。

抗酸化作用の中でも酸素ラジカルという物質に対する作用に特化して測定するのです。数ある酸化物質の中でも酸素ラジカルがヒトの病気にもっとも関係があるのではないかと考えられたからです。そしてＵＳＤＡはいろいろな農産物のＯＲＡＣを測定してその値を２００７年からウェブサイトでデータベースとして提供していました。それを食品企業などがいろいろな商品を「健康に良い」と宣伝するのに使っていました。

ところが２０１２年、ＵＳＤＡはこのデータベースをウェブから削除します。

以下が削除の理由です。

最近ＵＳＤＡの栄養データベースを提供している栄養データラボ（Nutrient Data Laboratory, ＮＤＬ）は、ポリフェノールを含む特定の生理活性化合物のヒト健康影響に、抗酸化能を示す指標が関係ないことを示す根拠が増加したため、ＵＳＤＡのＯＲＡＣデータベースをＮＤＬのウェブサイトから取り下げた。

理論的にがんや冠動脈疾患、アルツハイマー病や糖尿病などの各種慢性疾患を予防したり改善したりするのに役立つと考えられている生理活性化合物がたくさんある。しかしながらその代謝経路が完全に理解されたわけではなく、まだ不明ながら抗酸化によらないメカニズムも関与している可能性がある。ＯＲＡＣ値は食品やサプリメント業者によって製品の宣伝に常に誤用されてきた。（中略）

ポリフェノールをたくさん含む食品の健康への良い影響が、抗酸化能によるという根拠はない。*In vitro*（試験管内）で測定される食品の抗酸化能は*invivo*（ヒト）には適用できず、食事中抗酸化物質の影響を調べたヒト臨床試験の結果は一貫しない。我々は今や、食品の抗酸化分子には幅広い機能があり、その多くがフリーラジカル（他の物質から電子を奪う力の強い不安定な分子）の吸収能力とは関係ないことを知っている。

したがってこのウェブサイトで提供していたＯＲＡＣの表は取り下げた。

つまり野菜や果物を食べることがいろいろな病気に予防効果があったとしても、それが何に由来するのかがまだわからないこと、抗酸化力といっても測定方法によりいろいろな値が出ること、そして決定的だったのはヒトでの研究とＯＲＡＣの数字に何の関係もないという研究結果が多数出てきたため、最初の目論見は間違っていたことが明確になったということです。問題なのは、間違っていることがわかったにも関わらず食品やサプリメント業者が宣伝に使い続けているということで、参考資料として残しておくことすら消費者を騙すことに荷担してしまうので完全に削除した、というのです。

この経緯はカリフォルニア大学バークレー校の発行している健康に関するニュースレターで以下のように説明されています（一部を紹介）。

25年前、「抗酸化物質」という単語は一般の人々には目新しかった。今日それはビッグビジネスになり、抗酸化に関連する宣伝をしている製品の販売は2011年米国で650億ドルにも上る。ダイエタリーサプリメントの宣伝だけではなく、ジュースやシリアルやお茶やチョコレート、さらにはボトル入りの水にまで抗酸化の宣伝文句を見つけることができるだろう。「抗酸化物質」——細胞に傷害を与えるフリーラジカルを取り除くのに役立つ物質——は健康増進や病気予防と同義語になった。

企業にとってより最近の流行は特定の抗酸化物質の量や「スコア」を宣伝したり、他の製品と比較したりすることである。たとえばシルバーパラート（Silver Palate）の新しいシリアルは100グラムあたり7300ORACユニットであると自慢し、ミスティックハーベスト（Mystic Harvest）のパープルコーントルティーヤチップスは6000ORACユニットと表示している。ORACは酸素ラジカル吸収能の意味で、科学者が開発した抗酸化状態を測定するためのいくつかの指標のうちの一つである。オートミールやヨーグルトにバオバブの実の粉末を加えるとORACは1グラムあたり1400となる。グリーンセルテクノロジー（Green Cell Technologies）の茶抽出物は100グラムあたり170万のORACスコアを持つ。

これらの数字の意味を説明するのは難しい。しかしたぶん数が大きいことが健康に良いという意味ではない。抗酸化物質の意味についての科学は食品のパッケージが伝える単純な数よりはるかに複雑である。ＦＤＡはリプトンやその他の企業に対して抗酸化物質について誤解を招く違法な宣伝をしないよう警告文書を送付した。しかし他に同類のものが網を逃れている。

表示で主張されているのとは違って、抗酸化状態を測定する標準法は存在しないし抗酸化能力についての公式な定義もない。科学者が開発したいろいろな試験法にはＯＲＡＣの他にＴＥＡＣ、ＴＯＳＣ、ＦＲＡＰ、ＴＲＡＰなどがある。これらは必ずしも同じものを測定していないし一致した結果も出ていない。同じ検査を行っていても実験室が違うと違う結果になる。一部の企業はＯＲＡＣを表示しているがどうやって測定したかについては記していない。

さらにＯＲＡＣやその他の検査値は試験管内のみでの結果である。人体での作用は異なるだろう。

カナダ食品検査庁（ＣＦＩＡ）はウェブサイトで「ＯＲＡＣとヒトの健康影響の関連についてはわかっていないので、食品にＯＲＡＣについて宣伝したりすることは認められない」と注記している。同様の懸念からＵＳＤＡは最近ＯＲＡＣデータベースをウェブから除去し、「ＯＲＡＣは食品やサプリメント企業によって製品の宣伝のために常に誤用されてきた」といっている。専門家の中には食品や飲料表示へのこのような用語の使用はすべて禁止すべきだと考えている人もいる。

文中に出てくるFDAのリプトン紅茶への警告は、二つの違反が警告されています。一つはホームページでの「お茶と健康」というコーナーで「最近の研究で、冠動脈心疾患リスクの高い人でお茶またはお茶フラボノイドがコレステロールを下げる影響があることが示されています」といった記述が、疾患治療効果の宣伝に相当し未承認新規医薬品と判断されて食品医薬品法違反であることです。

もう一つは、「お茶は抗酸化物質が多い」という記述が未承認栄養含量強調表示に相当するために違反であるというものです。これは説明が必要かもしれません。食品に含まれるタンパク質やビタミンなどの成分の量が「多い」「少ない」「豊富」という表示は栄養強調表示となります。「多い」「少ない」という判断をするための基準があり、それは各栄養素に設定されている栄養所要量を基本にします。タンパク質なら1日の摂取量の目安はどのくらい、ビタミンならどのくらい、というのは決まっているので、それに対して何%以上を供給する場合は「多い」といえる、などと判断するわけです。ところが「抗酸化物質」には一日の摂取目安などなく、そもそも何を指しているのかも明確ではありません。そういうものにたいして「多い」という表示をすることは強調表示に関する基準を満たしておらず、違反なのです。

このように「抗酸化」については、明確な測定法もなく、健康に何がどう影響するのかについての科学的根拠もない、というのが科学的コンセンサスです。

しかし開発した本家のＵＳＤＡがその意義はないとして取り下げたＯＲＡＣを、今でも宣伝し推進している人たちがいます。彼らはなぜ使わなくなったのかについての事情を説明することなく、開発当初の考えを今でも有効であるかのように主張し続けます。まるで時間が止まっているかのようです。

科学は冷酷なので人の気持ちなど斟酌しません。どんなに一生懸命だろうがどれだけ苦労して開発したものであろうがダメだった仮説は捨てられます。それはある種の人々にとっては受け容れ難く、別の仮説に昇華し損なったりした仮説が幽霊となって彷徨うのでしょう。もちろん幽霊を作っているのは科学ではなく人間の「思い」なのです。

column

ココナツオイルの物語

２０１５年11月に、朝日新聞がココナツなどを「スーパーフード」として紹介する記事を書きました。ココナツはジュースもオイルも健康によいのだと断定していましたが、ココナツは流行による毀誉褒貶の激しい食品の代表でもあります。

ココヤシは熱帯地方の多くの国にとって非常に重要な植物で、食用のみならず広く使われてきました。熱帯の植物の油の多くがそうであるように、ココナツオイルはその成分として飽和脂肪が多く、北半球の多くの国では常温で個体です。１９８０年代、動物由来脂肪と同様に飽和脂肪なので、心血管系疾患にとって悪い影響があるとされ、メディアはココナツオイルを主に悪者として扱いました。

健康によいとされたのが不飽和脂肪で、そのため飽和脂肪であるバターやラードの代わりに、植物油を部分的に水素添加して作られたショートニングやマーガリンが広く使われるようになったのです。しかしその後、部分水素添加植物油に含まれる不飽和脂肪であるトランス脂肪が、飽和脂肪よりも心血管系の健康にとって良くない、というデータが蓄積されます。そして現在、トランス脂肪はすっかり悪者になっています。

トランス脂肪を含まないので、ココナツオイルも代用品として使われるようになりました。ただココナツオイルが飽和脂肪であることに変わりはありません。英国食品基準庁ＦＳＡやオーストラリア・ニュージーランド食品基準機関ＦＳＡＮＺなどは、トランス脂肪を減らそうとして飽和脂肪を増やすのは好ましくないと注意しています。

そのような公的機関の助言とはまったく関係なく、どういうわけか最近、メディアがココナツオイルが健康によいと宣伝し始めました。もちろん一部の研究者がそのような説を主張していることは確かですが、学術の世界で確立された事実として認められているわけではありません。ココナツオイルより常温で液体のオリーブ油やキャノーラ油のほうがいい、というのが見解としては主流です。別に身体に悪いから食べるな、というようなものではありませんが特に薦めはしない、というものです。

ココナツオイルの人気は主にマーケティングの成果でしょう。宣伝にのってたくさんの人が食べるようになると、トランス脂肪酸の場合のように有害影響が明らかになるかもしれません。もしそうなったらメディアは再び悪者扱いして記事を書くでしょう――以前何を書いたかなどはすっかり忘れ去って。

ところでスーパーフードという言葉には定義がありません。朝日新聞は、定義がないと書きながら良いものだと宣伝しています。一方EUでは全体的に健康によいといった宣伝は一般的健康強調表示に分類され、カルシウムは正常な骨の維持に役立つ、といったような認可された条件で認可されたものしか使うことはできません（128ページ参照）。「スーパーフード」は当然認可されていません。したがって、特定の商品をスーパーフードと宣伝すれば広告基準違反になります。

英国の任意の科学者団体であるセンス・アバウト・サイエンスでは、怪しげなダイエット法に注意するように、という一般向けの啓発パンフレットを作っていますが、そのなかでスーパーフードという単語を見たら注意するようにといっています。「スーパーフード…そんなものは存在しない。どんな食品でもある種の栄養素が多かったりするものだ」

さてあなたは、朝日新聞の経済面の記事と英国の政府機関や科学者団体の言っていることのどちらがより信用できると思いますか。

終章

食品の機能とはそもそも何？

「健康食品」の正体

ここで改めて食品の機能性とは何かを考えてみましょう。

食品にはもちろん栄養があり、食べることは美味しいし、楽しいことです。人間は食べなければ生きていけないので食品の最大の機能は栄養を供給することです。その上で、さらに他の人たちと一緒に食べる美味しい食事は親交を深めるのに役立ち人生を豊かにするでしょう。寒さで凍えた身体を温めるのに熱いスープは非常に効果的で、暑くて汗をかいた日の冷たい飲み物は熱中症を防ぐこともあるでしょう。ちょっと眠いときにはコーヒーや紅茶でリフレッシュしてまた仕事を続けることができます。のどがいがいがしたときには甘い飴が結構役にたちます。これらはすぐに実感できる「効果」です。

食生活が慢性疾患と深く関係することは良くわかっており、どんなものでも食べ過ぎれば肥満につながります。炭水化物はブドウ糖になって吸収されるので白米はおかゆなどで食べるときわめて速やかに血糖値を上げますが、堅めに炊いて油で炒めた炒飯だとそこまで早く血糖が上がることはなく、一緒に食べるものによっても血糖の増加速度は変わります。野菜や果物をたくさん食べることは、がんや心血管系疾患などのようなたくさんの疾患のリスクを下げることがわかっています。塩をたくさん摂ることは、がんや心血管系疾患のリスクを高くします。これらは食事による長期影響です。

ここで挙げた「影響」はすべて普通の食品をどう食べるかというレベルの話で、特定の食品や食品成分がどうこう、ということではありませんが、影響は明確で大きいものです。つまり食品にはもともと健康状態に影響する「機能」があり、それは栄養学などの既存の学問で研究されてきているのです。これが食品がもつ一般的機能です。

一般的に「食品の機能性」を主張する人たちは特定の食品や成分について、血圧を下げるといったような医薬品の薬理作用に近いものを期待している場合が多いようです。しかし、もしそのような明確な生理作用をもつ特定の物質があるのであれば、それは医薬品として開発されるべきものです。天然物から単離・抽出されて医薬品となったものはたくさんあります。そして天然物をもとにさらにその有効性を高めたり副作用を減らしたりしてより良い医薬品を目指して開発が続けられています。

ここで忘れてはならないことは効果があるなら必ず副作用がある、ということです。そして医薬品というのは化合物そのものにのみ価値があるわけではなく、その物質がどのような作用と副作用をもちどう使えばいいかといった情報があるからこそ価値があるのだ、ということです。したがって食品中成分に生理作用があるならその成分は何か、量は、といった探求をされるのが普通です。

効果を発揮するための条件を特定し、その条件で使わなければ副作用のリスクだけが高いという状況にもなりかねないので必然的に純度の高い物質が使われることになります。産地や生産時期や加工によって含有量が大きく異なるような農産物そのものを、効果を期待して使うなどということは怖くてできないはずです。

それでは食品そのものがもつ一般的機能ではなく、特定化合物による生理機能でもないものを宣伝する「健康食品」「機能性食品」とは何でしょうか？

一般的な食品の機能性についてでは、たとえばあるメーカーのヨーグルトには、「プロバイオティクスでお腹の調子を整えます」といった機能性の宣伝があったとして、それはそういう宣伝をしていない別のメーカーのヨーグルトとどこまで違うのでしょうか？　多くの人にとってほとんど差はないでしょう。もし機能性表示のあるヨーグルトがその表示の分だけ値段が高くて、同じお金を出せば表示のないヨーグルトを1割多く買えてその結果多く食べられるとしたら、逆に表示のないヨーグルトのほうが「効果」は現実には大きいかもしれません。「血糖値の上昇を抑制する」という表示のある飲み物を飲んでご飯を食べるより、キャベツの千切りを食べてからご飯を食べるほうが血糖値の上昇は緩やか、かもしれません。

日常生活に応用できる、栄養や人体の生理機能についての知識があればそのほうがずっと役だちます。食品の機能を理解し活用するために最も重要な情報は、機能性表示ではなく栄養成分表示です。栄養成分についての表示制度を整備しそれを一般の人々に上手に利用してもらうための教育や啓発こそが国民の健康増進にとっては最も大切で優先的に対応すべき課題なのですが、日本ではそれらに取り組むより先に機能性表示を強行しました。この事実は、この制度が国民の健康増進が目的ではないということを明確に示しています。

錠剤やカプセル剤などの形態をもつ健康食品は、見た目からもわかるように、医薬品を擬態したものです。見た目と表示で医薬品に似せることで医薬品のもつ効果効能への保証という雰囲気を偽装していますがその中身はまったく違うものです。食品なら、たとえば錠剤型のラムネ菓子のようなものは、単純においしさと楽しさを売りにして1箱100円くらいの普通の、正直な食品です。

一方で医薬品は薬局で購入できる市販薬であっても1箱数千円というものがあります。その値段は原材料そのものの値段というよりは背景にある安全性や有効性に関する膨大な情報やそれを提供するための専門職能、健康被害が出た場合の補償も含めたシステム全体の維持にかかる費用を反映したものです。私たちはその薬によって、痛みが和らいだり咳が治まったりといった効果を、専門家の適切な助言を得て、多くの場合享受することができます。

一方、医薬品を擬態した食品――サプリメントや健康食品――は、中身は食品と同程度であるにもかかわらず通常食品より高価です。その値段の違いは、医薬品と異なり、マーケティング、つまり宣伝によるものです。もっと率直な言い方をすると、欲望を反映したものです。販売する側の、お金を儲けたいというわかりやすい動機だけでなく、買う側の、運動や食事制限をすることなく楽して痩せたい、やってしまった悪いことをなかったことにしてしまいたい、といったある意味ではとても人間らしい、しかし時には致命的な願望が「健康食品」という幻想を創り出しているのです。

そのなかでもっとも悪質なものが、治療法のない病気などで苦しんでいる人たちに売りつけられる「薬を使わなくてもこれさえ食べれば治る」という代替療法としての各種健康食品です。健康になりたい、病気の苦しみから解放されたい、高齢になるにつれて衰える肉体を若返らせたい、というのは人間としては自然な感情です。

しかし医学はそのすべての願いをかなえてはくれません。私たちは健康で余裕があるときには理性的に判断することができても、辛い苦しいときには必ずしも合理的でいつづけられるものではありません。そういう人間としての弱さにつけ込むことで成り立つ商売がありますす。

そこまで悪質ではない健康食品もあるという意見もありますが、もともと医薬品並の安全性と有効性の証明をすることなく医薬品と同じような宣伝をさせろ、というのが機能性食品側の言い分です。医薬品として認められている製品の効果には、他の医薬品の副作用を軽減するといった比較的穏やかな作用もあります。一方、健康食品は、効果が穏やかだからではなく、効果がないから医薬品として認可されないのです。最初から消費者を誤解させる付加価値と称してお金儲けをすることが、いわゆる健康食品の目的です（図18）。

とある健康食品業界の方が「機能性《きのうせい》食品は気のせい食品」と言っておられました。確かに

図18 いわゆる健康食品：食品でありながら医薬品を擬態するもの
医薬品の背景にはデータやシステムがある．健康食品の背景にあるのは欲望

売る側も買う側もそうした認識で一致していて、わかっていて「気のせい」の範囲で楽しむことができるのであれば、健康被害も出ないだろうし必要以上に高額な商品を購入して経済的損害を被ることもないでしょう。しかし実際にそうはなっていません。

食品で健康を維持したいのであれば普通の食品の「健康的な食べ方」を学び身につけることがもっとも重要です。特定の「健康食品」を食べれば健康になる、などということはありません。このことは安全性についての話とまったく同じです。

「安全な食品」と「危険な食品」があって安全な食品だけ食べれば安全、というのは間違いです。どんな食品にもリスクとメリットがあるので安全な食べ方をすることで安全を確保するのです。そして安全な食べ方、というのは、いろいろな食品をバランス良く食べることです。特定の食品や成分を大量に継続的に食べるような「健康食品」そのものが食品安全の考え方に反するものです。皮肉に聞こえるかもしれませんが、健康食品こそがもっとも不健康なのです。

二つの提言

食品表示についての提言

ここで食品の表示とはそもそも何が目的なのかを改めて考えてみたいと思います。市販の食品、特に加工食品には多くのことが表示されています。私たちはその表示を見て食品を選び、購入し、食べることになります。判断材料となる情報は多い方がいいかもしれませんが、表示できる面積には限りがあり、あまり小さな文字で書いてあっても読むのが難しくなります。何を表示し何を表示しないのかはきわめて難しい判断になり、そこに価値観などが加わって結果としていろいろな表示方法となります。

食品の表示についてできるだけ合理的に、あるべき規制の姿を考えた報告書が2011年にオーストラリアとニュージーランドの検討委員会から出ています。「ラベリングロジック」というタイトルのこの報告が表示規制を考える上でとても参考になるので紹介します（200ページの図19）。

食品の名称などの基本的事項以外で食品に一般的に表示されている項目には、食品の安全性に関わるものと、消費者がそれに対してお金を払うであろう価値観に関するものがあります。食品の安全性に関わるもの、たとえばアレルギー表示のようなものはもっとも重要な表示項目であり、法により表示を義務づけるべき、ということに異論はないでしょう。

一方で特定の価値観に関わるようなもの、たとえばハラルのような宗教的決まり事を守っていることを示すようなものは、それを望む人にとっては重要ですがそうでない人にとってはあまり意味がありません。そういう場合には国による法的義務ではなく任意としたほうがいいでしょう。もちろんそれはその地域や国の人々の意向によりある国では義務とする、と

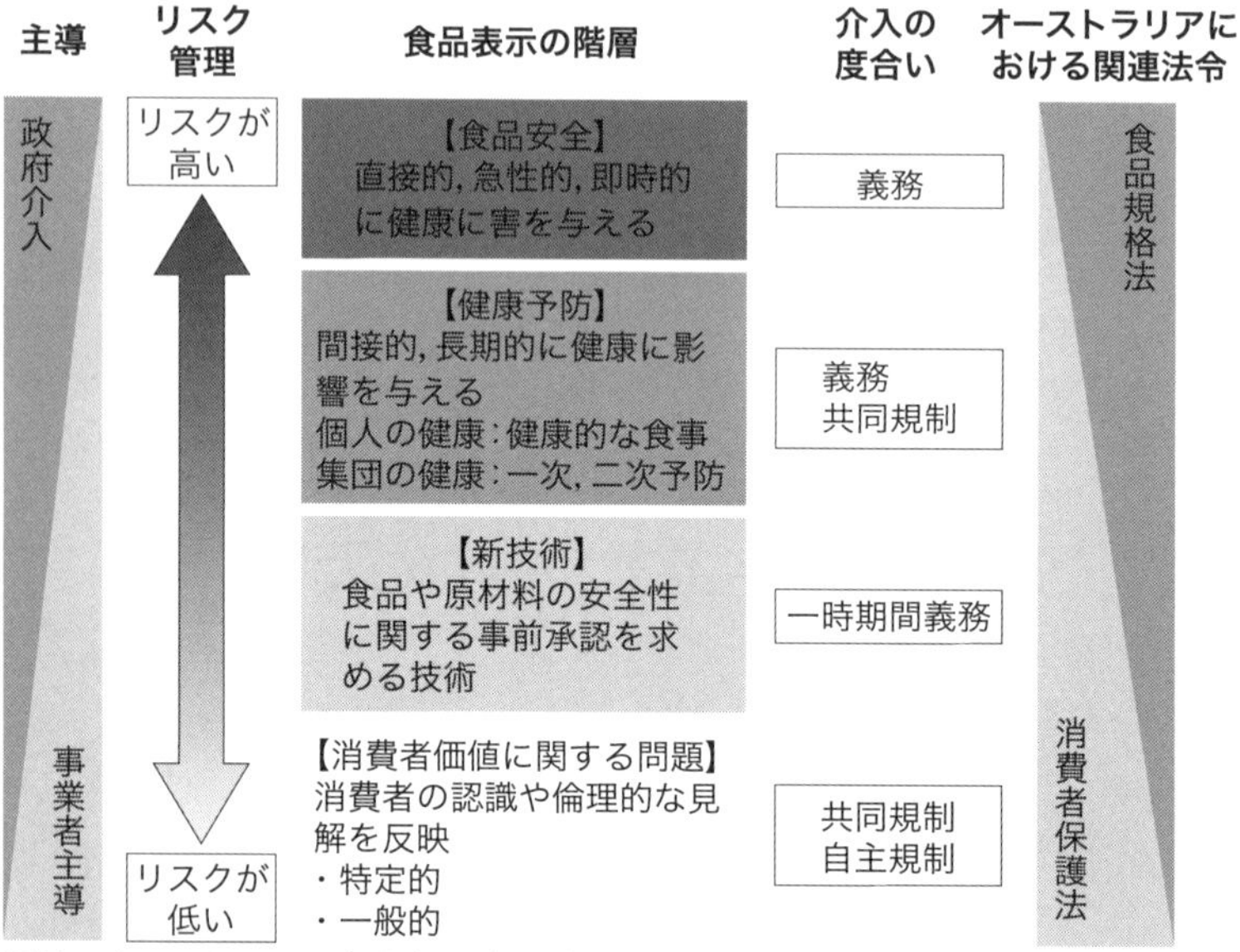

図19　オーストラリア食品表示法レビューによる表示ロジック（Labelling Logic（2011 AU）より）

いうこともあり得ます。有機認証マークなどもそのような自主的な表示になります。

食品の栄養成分表示は長期的には健康に重要な意味を持つことが立証されていますから、ほとんどの国で表示義務があります。ただ国によって表示される栄養素の種類や表示のしかたには差があります。国により食習慣が異なるので、その国の国民の健康にとって大切なものを優先的に表示すべきです。

日本人の健康にとって重要なものは何だろう、と考えると、答えは自ずから明らかです。日本人の食生活の中でももっとも注

熱量	0.00 kcal
タンパク質	0.0 g
脂質	0.0 g
炭水化物	0.0 g
食塩相当量	0.0 g

日本

Nutrition Facts

2 servings per container

Serving size 1 cup (255g)

	Per 1 cup		Per container	
Calories	**220**		**440**	
	% DV*		% DV*	
Total Fat	**8%**	5g	**15%**	10g
Saturated Fat	**10%**	2g	**20%**	4g
Trans Fat		0g		0g
Cholesterol	**5%**	15mg	**10%**	30mg
Sodium	**10%**	240mg	**21%**	480mg
Total Carbs	**12%**	35g	**23%**	70g
Dietary Fiber	**21%**	6g	**43%**	12g
Sugars		7g		14g
Added Sugars		4g		8g
Protein		9g		18g
Vitamin D	25%	5mcg	50%	10mcg
Calcium	15%	200mg	30%	400mg
Iron	6%	1mg	10%	2mg
Potassium	10%	470mg	20%	940mg

* Footnote on Daily Values (DV) and calories reference to be inserted here.

CURRENT LABEL

Nutrition Facts

8 servings per container

Serving size 2/3 cup (55g)

Amount per 2/3 cup

Calories **230**

% Daily Value*

QUICK FACTS:	
12%	**Total Fat** 8g
12%	**Total Carbs** 37g
	Sugars 1g
	Protein 3g
AVOID TOO MUCH:	
5%	Saturated Fat 1g
	Trans Fat 0g
0%	**Cholesterol** 0mg
7%	**Sodium** 160mg
	Added Sugars 0g
GET ENOUGH:	
14%	Fiber 4g
10%	Vitamin D 2mcg
20%	Calcium 260mg
45%	Iron 8mg
5%	Potassium 235mg

* Footnote on Daily Values (DV) and calorie reference to be inserted here.

PROPOSED LABEL

米国（現行（左）と改定案（右））

図20　栄養成分表示．米国では，１食分あたりの栄養と，それが１日の摂取目安の何%になるかまでを表示しています．項目もナトリウム（Sodium）やカリウム（Potassium），食物繊維（Fiber）など多くなっています

意が必要なのはナトリウム（食塩）です。ナトリウムは食品表示法により表示義務はありますが、どのくらいが「多い」と判断されるのかについての情報はまだまだ不足していると思われます。

たとえば米国やカナダでは、一日の望ましい摂取量のどのくらいになるかといった情報が必須になっていますが日本では義務ではありません。図20に日本の栄養成分表示と米国の栄養成分表示を示します（米国は現在ラベルの改定中なので現行と改定案の両方）。

日本では栄養成分表示の情報

量が圧倒的に少ないことがわかります。しかも日本では2015年にようやく義務化されたとはいえ2020年まで猶予があります。米国では、ダイエタリーサプリメント健康教育法ができた1994年から栄養成分表示が義務化されていて何度かの改定が行われています。

たとえば日本には血圧が高めの方に、というような機能を宣伝した食品がありますが、その食品による血圧への影響に関するデータとは比べものにならない質と量の研究が、ナトリウムとカリウムの血圧への影響を明らかにしています。もし血圧が気になるのなら、食品中のナトリウムとカリウムの総摂取量をまず気にすべきですが、ナトリウムについてはようやく表示が義務となったもののカリウムについては義務ではありません。もちろん任意で表示することはできます。

米国では、食品に血圧を下げるかのような表示を認めているものは存在しませんし、ナトリウムとカリウムについては表示義務があります。どちらが国民の健康にとって役にたつことを目的としたものだと言えるでしょうか?

食品の機能性表示のあるべき姿について提言している、米国のIOM(Institute of Medicine, 医学研究所)が発表した報告書を紹介しましょう。タイトルは「慢性疾患におけるバイオマーカーや代用エンドポイントの評価」です。タイトルを見ただけでは機能性表示のことだとわからないかもしれません。

医薬品の効果を評価する場合には主にその病気による死亡の減少や心臓発作、脳卒中などといった重大なイベントの減少を指標とします。ただこのような本当の目的を指標にする代わりに、血圧や血中ＬＤＬコレステロール濃度などを使うことがあります。これらを代用エンドポイントといいます。血圧と脳卒中リスクは非常に強い関係があり、血圧を一定の範囲に保つことは脳卒中リスクを下げることにつながるので、血圧は非常によい代用エンドポイントです。ただし最終目的はあくまで死亡や発作を減らすことであって血圧を下げることではないことに注意が必要です。

血圧や血中ＬＤＬコレステロール濃度などは代用エンドポイントとして使うことができる代表的な指標ですが、他にたくさんの、あまり病気のリスクとは関係のない指標があります。研究者がある種の指標を病気のリスクの目安に使えるのではないかと探ることは日常的に行われていますし、たくさんの開発途上の指標がありニュースとして報道されたりしています。しかし期待されていたけれど結局病気の指標にはならなかった、というものも多いのです。その代表的なものが血中ホモシステイン濃度です。

かつて血中ホモシステイン濃度は血中コレステロール濃度と同様、心血管系疾患の予想因子として期待されていました。病気の人と健康な人を観察した場合に濃度が違うことが報告されていたからです。しかし血中コレステロール濃度は正常範囲に管理することで病気を減らせたのに対して、血中ホモシステイン濃度は医薬品でそれを調整しても病気のリスクには関係がなかったのです。観察研究で病気の人に見られる特徴のうちのいくつかは、病気の原因かもしれないし病気になった結果かもしれないので、介入試験で確認するまではわからないものです。したがって「○○という病気の人では△△が減っている、だから△△を摂りましょう」というタイプの主張は一見もっともらしく見えるかもしれませんが、実はほとんどが根拠はないものなのです。たとえば「高齢になると白髪が増えます、白髪は高齢者のバイオマーカーです、白髪を染めると若くなります」というのはある意味真実ですが、当然ながら老化による身体の機能変化が若いときのように戻るわけではありません。

ＩＯＭの報告書はこの種の主張について検討したものです。主なテーマは指標として使われるバイオマーカーを評価することで、評価のための3ステップとして

1．分析の妥当性　バイオマーカーの検査は適切な感度と特異性をもち再現性があり信頼できる必要がある
2．適格性　バイオマーカーと疾患の関連についての根拠が十分か、バイオマーカーへの介入で目的の臨床効果が得られるなどの根拠が十分あるか
3．利用可能性　バイオマーカーを使うかどうかの決定は根拠の確からしさに加えて使用目的に依存する

を挙げています。

この評価基準では「血中抗酸化能」「ナチュラルキラー細胞活性化」といった類の、いわゆる健康食品でよくみられるバイオマーカーは根拠が不十分、と判断できます。たとえば抗酸化能といったものは確立された測定方法がなく、検査法や条件によっていろいろな値がでるので分析の妥当性がなく疾患との関連も不明です。ナチュラルキラー細胞活性化なども関連する疾患が不明です。

日本のトクホの中にもバイオマーカーを根拠にしたものがあります。たとえば「体脂肪が気になる方に」という表示をしている製品では、17〜38人の試験でCT画像での腹部脂肪面積がわずかに減ったことを根拠にしています。しかし、このとき体重にはまったく差がありません。ウエストサイズも変わっていません。では腹部脂肪面積のわずかな差とは一体何なのでしょう?

BMI24〜30の、日本人としてはやや太めの人たちが12週間続けても体重にまったく影響はない、ということをこの商品の宣伝では伝えていないのです。体重が減る、という明確な指標であれば消費者にも理解はできるし誤解の余地は少なくなるでしょう――今回の場合、その効果はないということにはなりますが。

そしてさらにIOMの報告書で重要なのは、「多くの人々が食品やサプリメントに表示されている健康強調表示が医薬品と同じような科学的根拠があると自然に思いこんでいる。IOMの委員会は事実そのようにすべきだと考える(健康強調表示の科学的根拠は医薬品と同じようなものであるべきである）」という提言をしていることです。

薬局で医薬品といわゆる健康食品が並んでいることがあります。医薬品の効果効能は臨床試験で確認され評価をうけたものですが、いわゆる健康食品やダイエタリーサプリメントは違います。しかし表示されている文言は似たような、何らかの病気を予防するといったものです。このような場合に、食品と医薬品はたとえ同じ文章が書いてあっても意味が違う、ということは消費者を混乱させてしまうでしょう。「食品だから科学的根拠が乏しくても宣伝して良い」という主張は消費者の立場では許容できません。一人の消費者の身体は一つであり、その身体への影響は医薬品だろうと食品だろうと同じ効果を謳うなら同じであるべきなのです。

これらのことから、私は表示に関しては、国民の健康のために、科学的根拠が確立されている栄養成分表示の充実を提言します。もちろん表示が有効に活用されるためには上手な利用方法についての教育を提供する必要があります。あるかないかわからない誤解を招く「機能性」についてて考えるのはそのずっと後のことです。

監視計画

第2章「食品が安全とは？」のところで、食品は未知の化学物質のかたまりであり、現在流通している食品が人々にとって安全なのかどうかは人体実験中である、という趣旨のことを述べました。これまで安全だと思っていた食品に思わぬ作用があることがわかった事例も紹介しました。

しかしせっかく実験をしているのに、その結果が報告されなければ後の世代の人は知識として利用できません。ですから食品で経験した有害事象もできる限り報告して人類の知恵として集積しよう、というのがもうひとつの提言です。

医薬品の副作用被害について、第一章でのべた市販後監視制度、つまりファーマコビジランスシステムがあるように、食品についても気がついたら報告して蓄積し評価していくことが食品の安全性をより高度にしていくためにも役にたちます。これは誰かの責任を追及したりするためのものではなく、人類共通の財産を作るためのものです。食品だから安全に決まっている、とみなして思考停止するのではなく、小さな改善を積み重ねて未来を現在より少しでも良くしなくてはいけません。

事例1――フランスのニュートリビジランスシステムと紅麹《べにこうじ》

医薬品の場合、市販後調査（ファーマコビジランス）というシステムで有害事象を集め、副作用があればそれを早期に検出し対応しようとしています。この場合、有害事象というのは薬の服用中におこったあらゆることを指し、必ずしも薬が原因であることが確認されていなくても報告します。

集まったデータに何らかのパターンがあるかどうかを解析して、薬の副作用かどうかを判断するのです。たとえばある薬を飲んでいる患者さんが転んで骨を折った、という一見薬とは関係のなさそうなことでも報告されます。報告が1件あったというだけでは何も言えませんが、事例がたくさん集まると、ある特定の薬を使っている患者さんにだけ骨折の頻度が高い、というようなことがわかる場合もあるからです。

食品についてはそのような制度はありませんが、毎年新しいタイプの食品や販売方法がでてきて消費者の行動も過去の時代よりは多様化し変化しているため、何かがあった場合の健康被害を最小限に留めるためにも医薬品にならった監視システムが必要だ、と考えて実施し始めたのがフランスです。ニュートリビジランス（栄養監視）と呼びます。

この制度が特に注目しているのは、医薬品同様にリスクが高い可能性がある食品サプリメントとエネルギードリンクのような新しいタイプの食品です。フランスのニュートリビジランスでは、医療従事者から健康担当当局に食品が原因であることが疑われる有害事象の報告を求めています。2010年に始まって2014年に発表された最初の報告書によると、報告された有害事象は1500件以上、そのうち76％が食品サプリメントです。残り24％は強化食品や特別用途食品でした。予想通り、食品による（食中毒以外の）健康被害事例は圧倒的にサプリメントによるものであることが実証されています。

フランスはこのシステムでうかびあがったいくつかの問題製品に対して評価を行い、対応しています。

一つはシネフリンです。p－シネフリンはビターオレンジ（ダイダイ）の皮に含まれる物質で、エフェドリンと類似の構造を持ち（エフェドラの項（110ページ）参照）、「減量用」といわれる多くのダイエタリーサプリメントの成分として使用されています。フランス食品環境労働衛生安全庁（ANSES）はニュートリビジランスシステムにより、p－シネフリンを含むダイエタリーサプリメントに関連すると思われる有害作用の報告を18件受け取って評価を行いました。その結果として、ANSESはダイエタリーサプリメントによるp－シネフリンの摂取濃度は20ミリグラム／日以下にするべきであると考え、また、カフェインと一緒にp－シネフリンを取ってはならないと勧告しました。

有害事象の内容としては心血管への影響、肝臓障害、高リン血症、神経障害などで、重大な有害作用の事例は主に心血管系への影響で文献にも報告されているため蓋然性が高いと判断されました。20ミリグラム／日というのは、普通の食生活で摂取するp－シネフリンの最大量です。ところが市販のダイエタリーサプリメントのシネフリン含量は、推奨1日摂取量で1～72ミリグラムでありすべてカフェインを含んでいました。

もう一つは紅麹です。

「紅麹」は「正常コレステロール値を維持する」と謳う多くの食品サプリメントに使用されるコメにつく赤カビです。ANSESは紅麹を含む食品サプリメントの摂取に関連すると思われる25の有害作用報告（主に筋肉と肝臓の傷害）を受けとりました。

紅麹の有効成分はモナコリンという化合物で、そのうちの一つであるモナコリンKはコレステロール合成経路に関与する酵素（ＨＭＧ‐ＣｏＡレダクターゼ）を抑制する作用があり、「ロバスタチン」という名前で、米国・カナダ・オーストリア・スペイン・ポルトガル・ギリシャでは医薬品として使用されています。しかしフランスでは医薬品ではありません。

ニュートリビジランスシステムに報告された25件の有害事象はロバスタチンで報告されている事例と類似しているので、ＡＮＳＥＳはモナコリンを含む紅麹食品サプリメントの摂取が、遺伝的素因を持つ、病状がある、治療中であるなどの感受性の高い人たちにはとりわけ健康リスクを引き起こすおそれがあると考えました。そのためこの製品を摂取する前に、これらの感受性の高い人には、次のコメントとともに医学的助言を求めるようにしたのです。

「このサプリメントはスタチンベースの薬を使用している患者や、副作用によりスタチンベースの薬の使用を止められている患者（「スタチン不耐性」患者）に使用してはならない。感受性の高い人（妊婦、授乳中の女性、子供、青年、70歳以上の人、グレープフルーツを多量摂取する人など）も紅麹サプリメントの使用を避けるべきである」

なおロバスタチンを医薬品として認可している米国やカナダでは、紅麹を含むダイエタリーサプリメントは未承認医薬品として取り締まり対象になります。1日の摂取量が5ミリグラム程度以上だと医薬品とみなされるようです。日本では医薬品ではなく食品扱いなので

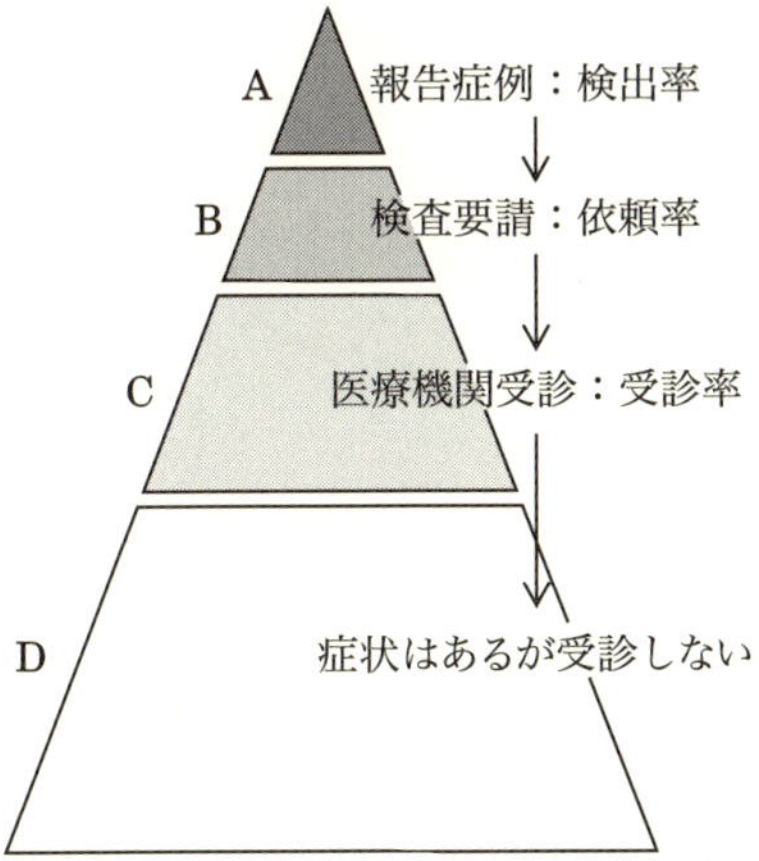

図21　ニュートリビジランス．健康被害（胃腸炎）発生総数と報告数

いわゆる健康食品として何の警告もなく販売されています。もし、高脂血症を治療したいなら品質にも安全性にも疑問の多いいわゆる健康食品を使うのではなく、医師の管理のもとで、保健の効くスタチンをきちんと効果や副作用を確認しながら服用した方がはるかに安全でしょう。

このような問題点は監視システムがあったからこそ明らかになったもので、日本でも積極的に探せば相当数の被害事例があると考えられます。

実は食品による健康被害事例は、報告されるものだけを数えると実際の件数を大幅に下回ることがわかっています。図21に胃腸炎発生総数の推定のイメージを示します。

実際に食中毒になった人のうち、病院に行く人はそう多くはなく、さらに病院で原因となる微生物を疑って検査を依頼するのはそのうちのいくつかで、さらに実際に検査で確認できるのも100%ではないため報告される割合は相当少なくなります。

これは微生物による食中毒の場合についてですが、いわゆる健康食品でも同様で、たとえばある商品を使っていたら調子が悪くなったので使用を止めたら治った、といったような軽微なものは病院にかかることもなく通報することもなく終わるでしょう。

病院に行った場合でも原因が確定できない場合には健康食品による健康被害とは計上されません。消費者が、健康食品による健康被害であるとは思いもしない場合もあり、報告されている事例は氷山の一角なのです。

あとがき

健康食品に関する情報は宣伝・広告が圧倒的に多いことから、食品の安全性を確保する立場にある人たちの間では、消費者は偏った情報をもとに判断せざるを得ない状況があり、安全性が危うくなっているという現状認識を共有しています。食品の安全性について科学的評価を行う機関である食品安全委員会では、いわゆる「健康食品」に関する検討ワーキンググループが設置され、健康食品全般の安全性について見解を取りまとめようとしています。

消費者問題について調査、審議を行う消費者委員会では、2013年1月に「「健康食品」の表示等の在り方に関する建議」を出し、消費者庁に対して、トクホも含む健康食品の表示・広告の適正化に向けた取り組みの強化や、健康食品の安全性に関する取組みの推進、健康食品の特性等に関する消費者理解の促進について、対応を求めました。

その後、消費者委員会は、状況を注視してきたものの、「健康食品」の表示・広告問題は解決しておらず、さらには、トクホにおいても、消費者が効果に過大な期待をしていないか、効果に見合わない宣伝・広告が行われているのではないかといった疑義が示される状況となっている、と判断したのです。そこで、2015年6月に特定保健用食品等の在り方に関する専門調査会の設置を決定しています。

また食品安全対策を実行している厚生労働省医薬食品局食品安全部からは、健康食品に関する安全性確保対策等に係る調査事業の依頼が国立医薬品食品衛生研究所安全情報部にありました。その目的は以下のようになります。

「健康食品は、その商品の宣伝をテレビや新聞広告で目にしない日はないほど、広く消費者に伝えられており、内閣府の消費者委員会のアンケート調査によると、消費者の約75％が利用したことがあるなど、なじみの深いものとなっている。また、本年（2015年）4月から消費者庁が新たに「機能性表示食品」の制度を開始し、食品の取り扱い経験の乏しい事業者による新規参入などが考えられる。食品による健康被害事例は海外でも国内でも健康食品によるものが多いことから、一層の安全性確保対策が必要となることが予想される。このような状況の下、これまで以上の安全性確保対策を検討するにあたり、サプリメントの消費が多い米国等諸外国の事例取組みが参考になると考えられることから、海外での事例やこれらの取組みに関する情報を収集し整理し安全性確保対策を検討することを目的とする。また食品安全リスク分析の基本理念では食品の安全性確保のためにリスクコミュニケーションが必須であるが、健康食品については消費者にリスク情報を含むバランスの取れた情報が提供されていないという問題があり、この調査結果を情報提供に役立てる」

これらの行政での問題意識と時期を同じくして日本評論社の佐藤さんから健康食品に関する書籍の出版について打診がありました。それぞれが独立して同じような問題意識を持ったということは、こうした情報提供が今の日本に必要とされているからだろうと思います。

このような背景はあるものの、この本の内容についてはあくまで著者の調査に基づく見解をまとめたものであり、所属組織の見解ではありません。また書籍には掲載できなかった詳細調査データなどについては、一部を日本評論社の本書のウエブサイトから、後日、詳細には国立医薬品食品衛生研究所安全情報部のウェブサイトから提供する予定です。

第1章の医薬品にかかわる原稿をチェックして下さった国立医薬品食品衛生研究所医薬安全科学部齋藤嘉朗部長、一緒に情報収集をしている同僚の同研究所安全情報部第三室登田美桜主任研究官、イラストを提供してくれた畝山瑞穂さん、編集に尽力下さった日本評論社の佐藤大器さんに感謝します。

この本が消費者の「情報を与えられた上での選択」にとって役にたつものとなることを期待します。

畝山智香子

名　称	名　称
脱N－メチルシブトラミン	ヒドロキシホンデナフィル
チオアイルデナフィル	ビンカミン
チオキナピペリフィル	プソイドバルデナフィル
チオデナフィル	ブフォテニン
DHEA	プロスタグランジン
1-デオキシノジリマイシン	プロテアーゼ
デキストロメトルファン	ブロメライン
ニコチン	ペプシン
ニトロデナフィル	ホモシルデナフィル
ノルネオシルデナフィル	ホモチオデナフィル
ノルホンデナフィル	ホンデナフィル
パパイン	マグノフロリン
バルデナフィル	マルターゼ
ハルマリン	ムタプロデナフィル
ハルミン	メチソシルデナフィル
パンクレアチン	メラトニン
ＢＤ	ヨウキセキ
BDD	ラクターゼ
ヒドロキシチオホモシルデナフィル	リパーゼ
5-HTP（ヒドロキシトリプトファン）	ルンブルキナーゼ
ヒドロキシホモシルデナフィル	

注１）消化酵素の名称については，同様の機能を持つものとしての総称として使用されているものを含む．

名　称	部　位　等	名　称	部　位　等
ゴレイシ	モモンガ亜科動物の糞	胎盤	ヒト胎盤
シベット	香嚢腺から得た分泌液	胆汁･胆嚢	ウシ・クマ・ブタの胆汁･胆嚢
ジャコウ	雄の麝香腺から得た分泌物	バホウ	胃腸結石
ジャドク	蛇毒	ボウチュウ	全虫
ジリュウ	全形	リュウコツ	古代哺乳動物の骨の化石
センソ	毒腺分泌物	レイヨウカク	角
センタイ	蛻殻	ロクジョウ	雄の幼角
		ロクベン	シカの陰茎･睾丸

注1）「名称」の欄については，生薬名，一般名及び起源動物名，該当する部位等を記載している．

注2）リストに掲載されている成分本質（原材料）のうち，該当する部位について，「部位等」の欄に記載している．

3．その他（化学物質等）

名　称	名　称
アスピリン	カルボデナフィル
アセチルアシッド	キサントアントラフィル
アミノタダラフィル	γ-オリザノール
アミラーゼ	グアイフェネジン
アラントイン	グルタチオン
アロイン	クロロプレタダラフィル
アンジオテンシン	ゲンデナフィル
アンドロステンジオン	GBL
イミダゾサガトリアジノン	シクロフェニール
インベルターゼ	シクロペンチナフィル
ウデナフィル	臭化水素酸デキストロメトルファン
S-アデノシル-L-メチオニン	シルデナフィル
N-オクチルノルタダラフィル	スルフォンアミド
N-ニトロソフェンフルラミン	セキテッコウ
エフェドリン	タウリン
カオリン	タダラフィル
カタラーゼ	脱N,N-ジメチルシブトラミン

名　称	部　位　等
ヘパティカ・ノビリス	全草
ヘラオモダカ	塊茎
ベラドンナ属	根
ボウイ	根茎·つる性の茎
ボウコン	根茎
ホウセンカ	種子
ホウビソウ	全草
ボウフウ	根·根茎
ホオウ	花粉
ホオズキ属	根
ボスウェリア属	全木（ボスウェリア・セラータの樹脂を除く）
ボタンピ	根皮
ポテンティラ・アンセリナ	全草
ポドフィルム属	根·根茎
マオウ	地上茎
マクリ	全藻
マシニン	発芽防止処理されていない種子
マチン属	種子
マルバタバコ	葉

名　称	部　位　等
マンケイシ	果実
マンドラゴラ属	根
ミゾカクシ	全草
ミツモウカ	花
ムイラプアマ	根
モウオウレン	ひげ根
モクゾク	全草
モクツウ	つる性の茎
モクベッシ	種子
モッコウ	根
ヤクチ	果実
ヤクモソウ	全草
ヤボランジ	葉
ヤラッパ	脂・根
ユキノハナ属	鱗茎
ヨヒンベ	樹皮
ラタニア	根
ランソウ	全草
リュウタン	根·根茎
リョウキョウ	根茎
レンギョウ	果実
ロウハクカ	樹皮・花
ロコン	根茎
ロベリアソウ	全草

注１）「名称」の欄については，生薬名，一般名及び起源植物名等を記載している．

注２）リストに掲載されている成分本質（原材料）のうち，該当する部位について，「部位等」の欄に記載している．

２．動物由来物等

名　称	部　位　等
カイクジン	陰茎·睾丸
ケツエキ	ヒト血液
コウクベン	陰茎・睾丸

名　称	部　位　等
ゴオウ	胆嚢中の結石
ココツ	骨格
コツズイ	ヒト骨髄

名　称	部　位　等
センプクカ	花
センブリ	全草
ソウカ	果実
ソウシシ	種子
ソウジシ	果実
ソウジュツ	根茎
ソウハクヒ	根皮
ソテツ	種子
ソボク	心材
ダイオウ	根茎
ダイフクヒ	果皮
タクシャ	塊茎
ダミアナ	葉
タユヤ	根
タンジン	根
チクジョ	稈の内層
チクセツニンジン	根茎
チノスポラ・コルディフォリア	全草
チモ	根茎
チョウセンアサガオ属	種子・葉・花
チョウトウコウ	とげ
チョレイ	菌核
デンドロビウム属	茎
テンナンショウ	塊茎
テンマ	塊茎
テンモンドウ	根
トウガシ	種子
トウキ	根
トウジン	根
トウシンソウ	全草
トウセンダン	果実・樹皮
トウニン	種子
トウリョウソウ	全草
ドクカツ	根茎
トシシ	種子
トチュウ	樹皮
ドモッコウ	根
トリカブト属	塊根
ナンテンジツ	果実
ニガキ	木部（樹皮除く）
ニチニチソウ	全草
バイケイソウ属	全草
バイモ	鱗茎
ハクシジン	種子
ハクセンピ	根皮
ハクトウオウ	茎・葉
ハクトウスギ	樹皮・葉
バクモンドウ	根の膨大部
ハゲキテン	根
ハシリドコロ属	根
ハズ	種子
ハルマラ	全草・種子
ハンゲ	塊茎
ヒマシ油	種子油
ビャクシ	根
ビャクジュツ	根茎
ビャクダン	心材·油
ビャクブ	肥大根
ヒュウガトウキ	根
ヒヨス属	種子・葉
フクジュソウ属	全草
ブクシンボク	菌核に含まれる根
フクボンシ	未成熟集果
ブクリョウ	菌核
フジコブ	フジコブ菌が寄生し生じた瘤
フタバアオイ	全草
フラングラ皮	樹皮

名　称	部 位 等
クロウメモドキ属	果実
ケイガイ	全草
ケシ	全草（発芽防止処理された種子・種子油は除く）
ケファエリス属	根
ケンゴシ	種子
ゲンジン	根
ゲンチアナ	根・根茎
ゲンノショウコ	地上部
コウブシ	根茎
コウフン	全草
コウボク	樹皮
コウホン	根・根茎
ゴールデンシール	根茎
コケモモヨウ	葉
ゴシツ	根
ゴシュユ	果実
コジョウコン	根茎
ゴボウシ	果実
ゴミシ	果実
コロシントウリ	果実
コロンボ	根
コンズランゴ	樹皮
コンドデンドロン属	樹皮・根
コンミフォラ属	全木（ガムググルの樹脂を除く）
サイコ	根
サイシン	全草
サビナ	枝葉・球果
サルカケミカン	茎
サワギキョウ	全草
サンキライ	塊茎・根茎
サンズコン	根·根茎
ジオウ	茎・根

名　称	部 位 等
シオン	根·根茎
ジギタリス属	葉
シキミ	実
ジコッピ	根皮
シコン	根
シッサス・クアドラングラリス	全草
シツリシ	果実
シマハスノハカズラ	茎·茎根
シャクヤク	根
ジャショウ	果実・茎・葉
シュクシャ	種子の塊・成熟果実
ショウブコン	根茎
ショウボクヒ	樹皮
ショウマ	根茎
ショウリク	根
シンイ	花蕾
ジンコウ	材・樹脂
スイサイ	葉
スカルキャップ	根
スズラン	全草
セイコウ	帯果・帯花枝葉
セイヨウトチノキ	種子
セイヨウヤドリギ	枝葉梢・茎・葉
セキサン	鱗茎
セキショウコン	根茎
セキナンヨウ	葉
セネガ	根
センキュウ	根茎
ゼンコ	根
センコツ	根茎
センソウ〈茜草〉	根
センダン	果実・樹皮
センナ	果実・小葉・葉柄・葉軸

〈参考表〉専ら医薬品として使用される成分本質（原材料）リスト

1．植物由来物等

名　称	部　位　等
アラビアチャノキ	葉
アルニカ	全草
アロエ	葉の液汁
イチイ	枝・心材・葉
イヌサフラン	種子
イリス	根茎
イレイセン	根·根茎
インチンコウ	花穂·帯花全草
インドサルサ	根
インドジャボク属	根・根茎
インヨウカク	全草
ウィザニア	全草
ウマノスズクサ属	全草
ウヤク	根
ウワウルシ	葉
ウンカロアボ	根
エイジツ	果実・偽果
エニシダ	枝・葉
エンゴサク	塊茎
エンジュ	花・花蕾・果実
オウカコウ	帯果・帯花枝葉
オウカシ	根・葉
オウカボ	全草
オウギ	根
オウゴン	根
オウバク	樹皮
オウヒ	樹皮
オウレン	根茎・ひげ根
オシダ	根茎・葉基
オノニス	根·根茎
オモト	根茎
オンジ	根

名　称	部　位　等
カイソウ〈海葱〉属	鱗茎
カイトウヒ	樹皮
カクコウ	全草
カゴソウ	全草
カシ	果実
カシュウ	塊根
カスカラサグラダ	樹皮
カッコウ	地上部
カッコン	根
カッシア・アウリキュラータ	樹皮
カバ	全草
カラバル豆	豆
カロコン	根
カロライナジャスミン	全草
カワカワ	全草
カワミドリ	地上部
カワラタケ	菌糸体
カンショウコウ	根
カントウカ	花蕾
キササゲ	果実
キナ	根皮・樹皮
キョウカツ	根・根茎
キョウニン	種子
キンリュウカ属	種子・木部
グアシャトンガ	葉
クジン	根
クスノハガシワ	樹皮
グラビオラ	種子
グリフォニア・シンプリシフォリア	種子

終章

◆1　'Labelling Logic' -The Final Report of the Review of Food Labelling Law and Policy, 2011：http://www.foodlabellingreview.gov.au/internet/foodlabelling/publishing.nsf/content/labelling-logic

◆2　Evaluation of Biomarkers and Surrogate Endpoints in Chronic Disease, 2010：http://www.iom.edu/Reports/2010/Evaluation-of-Biomarkers-and-Surrogate-Endpoints-in-Chronic-Disease.aspx

◆3　National Nutrivigilance Scheme：https://www.anses.fr/en/content/national-nutrivigilance-scheme

◆4　Nutrivigilance, a scheme devoted to consumer safety：https://www.anses.fr/en/content/nutrivigilance-scheme-devoted-consumer-safety

◆5　Today ANSES publishes its recommendations on dietary supplements for weight-loss containing p-synephrine, 05/05/2014：http://www.anses.fr/en/content/today-anses-publishes-its-recommendations-dietary-supplements-weight-loss-containing-p

◆6　Food supplements containing red yeast rice: before consumption, ask a healthcare professional, 18/03/2014：http://www.anses.fr/en/content/food-supplements-containing-red-yeast-rice-consumption-ask-healthcare-professional

◆17 Consumption of Green Tea, but Not Black Tea or Coffee, Is Associated eith Reduced Risk of Cognitive Decline, Moeko Noguchi-Shinohara *et al.*, PLoS ONE 9(5):e96013
◆18 Supplementation of a high-fat diet with chlorogenic acid is associated with insulin resistance and hepatic lipid accumulation in mice, Mubarak A *et al.*, J Agric Food Chem. 2013 May 8;61(18):4371-8
◆19 Green Coffee Bean Manufacturer Settles FTC Charges of Pushing its Product Based on Results of "Seriously Flawed" Weight-Loss Study, September 8, 2014：http://www.ftc.gov/news-events/press-releases/2014/09/green-coffee-bean-manufacturer-settles-ftc-charges-pushing-its
◆20 Marketer Who Promoted a Green Coffee Bean Weight-Loss Supplement Agrees to Settle FTC Charges, January 26, 2015：http://www.ftc.gov/news-events/press-releases/2015/01/marketer-who-promoted-green-coffee-bean-weight-loss-supplement
◆21 既存添加物名簿，平成８年４月16日厚生省告示第120号：http://www.ffcr.or.jp/zaidan/MHWinfo.nsf/0/c3f4c591005986d949256fa900252700?OpenDocument
◆22 Who's afraid of Peer Review?, John Bohannon, Science 4 October 2013: vol.342, no 6154, pp 60-65
◆23 I Fooled Millions Into Thinking Chocolate Helps Weight Loss. Here's How. John Bohannon 5/27/15：http://io9.com/i-fooled-millions-into-thinking-chocolate-helps-weight-1707251800
◆24 What Ever Happened To . . . ? Looking Back 10 Years, Christine Theisen JNCI J Natl Cancer Inst, Volume 93, Issue 14, pp. 1049-1050
◆25 Oxygen Radical Absorbance Capacity (ORAC) of Selected Foods, Release 2 (2010) Last Modified: 05/16/2012：http://www.ars.usda.gov/services/docs.htm?docid=15866
◆26 Oxygen Radical Absorbing Capacity (ORAC) Statements and Claims, CFIA：http://www.inspection.gc.ca/food/labelling/food-labelling-for-industry/health-claims/eng/1392834838383/1392834887794?chap=16#s36c16
◆27 Wellness Letter, ORAC: Over-Rated Antioxidant Claims, October 2012：http://www.berkeleywellness.com/healthy-eating/nutrition/article/beware-antioxidant-claims
◆28 Unilever United States, Inc. 8/23/10：http://www.fda.gov/iceci/enforcementactions/warningletters/2010/ucm224509.htm

13-Feb-2008：http://www.eurekalert.org/pub_releases/2008-02/l-pim021308.php
◆3　Nestle Infant Nutrition 10/31/14：http://www.fda.gov/ICECI/EnforcementActions/WarningLetters/2014/ucm423087.htm
◆4　FTC Charges Gerber with Falsely Advertising Its Good Start Gentle Formula Protects Infants from Developing Allergies：https://www.ftc.gov/news-events/press-releases/2014/10/ftc-charges-gerber-falsely-advertising-its-good-start-gentle
◆5　消費者庁 消費者の皆様へ「機能性表示食品」って何？：http://www.caa.go.jp/foods/pdf/syokuhin1442.pdf
◆6　機能性表示食品に関する新コーナーを設けました，FOOCOM：http://www.foocom.net/latest-topics/
◆7　MFDS，2013.05.22：http://www.mfds.go.kr/index.do?mid=675&seq=20460&cmd=v
◆8　異葉牛皮消混入が確認された偽の白首烏製品の全量回収，2015.05.26：http://www.mfds.go.kr/index.do?mid=675&pageNo=2&seq=27628&cmd=v
◆9　Panax ginseng: An overview of the clinical evidence, Ernst, E, Journal of Ginseng Research Volume 34, Issue 4, 2010, Pages 259–263
◆10　ASA Adjudication on Pharma Medico Ltd, 11 March 2015：http://asa.org.uk/Rulings/Adjudications/2015/3/Pharma-Medico-Ltd/SHP_ADJ_282725.aspx#.VRuHU6TlpaQ
◆11　ASA Adjudication on Vitabiotics Ltd, 4 February 2015：http://asa.org.uk/Rulings/Adjudications/2015/2/Vitabiotics-Ltd/SHP_ADJ_241965.aspx
◆12　ASA Adjudication on GlaxoSmithKline UK Ltd, 22 October 2014：http://www.asa.org.uk/Rulings/Adjudications/2014/10/GlaxoSmithKline-UK-Ltd/SHP_ADJ_262008.aspx#.VE8o5aTlpaQ
◆13　ASA Adjudication on GlaxoSmithKline UK Ltd, 7 May 2014：http://www.asa.org.uk/Rulings/Adjudications/2014/5/GlaxoSmithKline-UK-Ltd/SHP_ADJ_242431.aspx
◆14　フードファディズムと健康教育，高橋久仁子，『日健教誌』第16巻，第3号，2008年
◆15　The association between exaggeration in health related science news and academic press release: retrospective observational study, Sumner P, *et al.*, BMJ 2014;349:g7015
◆16　Kanazawa-u.ac.jp140515.pdf

◆31　イチョウ葉食品の安全性～アレルギー物質とその他の特有成分について考える～平成14年11月25日　国民生活センター：http://www.kokusen.go.jp/pdf/n-20021125.pdf
◆32　イチョウ抽出物の毒性・発がん性試験（強制経口投与）報告書（NTP TECHNICAL REPORT ON THE TOXICOLOGY AND CARCINOGENESIS STUDIES OF GINKGO BILOBA EXTRACT（CAS NO. 90045-36-6）IN F344/N RATS AND B6C3F1/N MICE（GAVAGE STUDIES））：http://ntp.niehs.nih.gov/ntp/htdocs/LT_rpts/TR578_508.pdf
◆33　Ginkgo biloba for cognitive impairment and dementia：http://onlinelibrary.wiley.com/doi/10.1002/14651858.CD003120.pub3/abstract
◆34　厚生労働省　無承認無許可医薬品情報 エフェドラ情報：http://www.mhlw.go.jp/kinkyu/diet/jirei/ephedra.html
◆35　Newly-Published Peer-Reviewed Study Confirms Cantox Report's Safety Conclusions on Ephedra：http://newhope360.com/supply-news-amp-analysis/newly-published-peer-reviewed-study-confirms-cantox-reports-safety-conclusi
◆36　Scientific Opinion on the evaluation of the safety in use of Yohimbe（Pausinystalia yohimbe（K. Schum.）Pierre ex Beille), EFSA Journal 2013;11(7):3302 [46 pp.]
◆37　DMAA in Dietary Supplements, July 16, 2013：http://www.fda.gov/Food/DietarySupplements/QADietarySupplements/ucm346576.htm
◆38　Feature: Revealing the hidden dangers of dietary supplements, By Jennifer Couzin-Frankel 20 August 2015：http://news.sciencemag.org/health/2015/08/feature-revealing-hidden-dangers-dietary-supplements
◆39　FDA Uses New Authorities To Get OxyElite Pro Off the Market, Posted on November 18, 2013 by FDA Voice, By: Daniel Fabricant, Ph. D.：http://blogs.fda.gov/fdavoice/index.php/tag/aegeline/
◆40　健康食品（OxyElite Pro）に関する注意喚起について，平成25年10月９日医薬食品局　食品安全部　基準審査課：http://www.mhlw.go.jp/stf/houdou/0000025767.html

第４章

◆１　Health claims subject to individual authorisation procedure：http://ec.europa.eu/nuhclaims/?event = claimsBeingProcessed
◆２　Probiotics increase mortality in patients with severe pancreatitis,

http://news.sciencemag.org/health/2013/08/common-herbal-supplement-linked-cancer
◆23 IRISH MEDICINES BOARD ADVISES AGAINST USE OF ECHINACEA IN CHILDREN UNDER 12 YEARS, Monday, 20th August 2012：http://www.icgp.ie/speck/properties/asset/asset.cfm?type=Document&id=487126DA-19B9-E185-83E1309E44E90F34&property=document&filename=200812_Irish_Medicines_Board_Restricts_Use_of_Echineace_in_Children_Under_12_FINALPressRelease.pdf&revision=tip&mimetype=application/pdf&app=icgp&disposition=attachment
◆24 Press release: Echinacea herbal products should not be used in children under 12 years old, Monday 20 August：http://webarchive.nationalarchives.gov.uk/20141205150130/http://www.mhra.gov.uk/NewsCentre/Pressreleases/CON180627
◆25 Echinacea for preventing and treating the common cold, July 2013. Karsch-Völk M, *et al.*, Cochrane Database of Systematic Reviews 2014, Issue 2
◆26 Effects of supplements on medicines 'dangerous', Monday October 29 2012：http://www.nhs.uk/news/2012/10October/Pages/Hidden-dangers-of-mixing-herbal-remedies-with-medication.aspx
◆27 ニューヨーク司法長官プレスリリース，A.G. Schneiderman Asks Major Retailers To Halt Sales Of Certain Herbal Supplements As DNA Tests Fail To Detect Plant Materials Listed On Majority Of Products Tested, February 3rd 2015：http://www.ag.ny.gov/press-release/ag-schneiderman-asks-major-retailers-halt-sales-certain-herbal-supplements-dna-tests
◆28 そのイチョウサプリメントは本当にあなたが思うようなものか？(Is that Ginkgo biloba supplement really what you think it is?)，December 11, 2014：http://www.cdnsciencepub.com/news-and-events/press-releases/PR-GEN-2014-0130.aspx
◆29 アルツハイマー予防のための標準化イチョウ葉抽出物の長期使用(GuidAge)：無作為プラセボ対照試験（Long-term use of standardised ginkgo biloba extract for the prevention of Alzheimer's disease (GuidAge): a randomised placebo-controlled trial, Bruno Vellas *et al.*, The Lancet Neurology, Volume 11, Issue 10, Pages 851–859, October 2012)
◆30 Investigation of biologically active components in ginkgo leaf products on the Japanese market., Kakigi Y, Hakamatsuka T, Icho T, Goda Y, Mochizuki N., Biosci Biotechnol Biochem. 2011;75(4):777–9

bal-registration
◆8　Assessing Supplement Safety—The FDA's Controversial Proposal, Pieter A. Cohen, M.D. N Engl J Med 2012;366:389-391
◆9　The Iowa Republican Harkin Scandal: Sen. Tom Harkin（D-Herbalife）gets cash for institute after legislative favors, January 25th, 2013：http://theiowarepublican.com/2013/harkin-herbalife/
◆10　Reflections on the Landmark Studies of β-Carotene Supplementation, Anna J. Duffield-Lillico and Colin B. Begg, JNCI J Natl Cancer Inst (2004)96(23):1729-1731
◆11　Current Good Manufacturing Practices（CGMPs）for Dietary Supplements：http://www.fda.gov/food/guidanceregulation/cgmp/ucm079496.htm
◆12　How the Dietary Supplement Health and Education Act of 1994 Weakened the FDA：http://www.quackwatch.org/02ConsumerProtection/dshea.html
◆13　The 12 Most Dangerous Supplements：http://consumerhealthchoices.org/wp-content/uploads/2012/05/Dangerous_Supplements.pdf
◆14　Multivitamin/mineral Supplements Fact Sheet for Health Professionals：https://ods.od.nih.gov/factsheets/MVMS-HealthProfessional/
◆15　Supplements Who needs them? -NHS Choices：http://www.nhs.uk/news/2011/05May/Pages/supplements-special-report.aspx
◆16　Enough is enough: Stop wasting money on vitamin and mineral supplements Guallar E *et al.*, Annals of Internal Medicine, 2013;159(12):850-1
◆17　Nutrition: Vitamins on trial, Melinda Wenner Moyer, Nature 510, 462-464（2014）
◆18　Liver injury from herbals and dietary supplements in the U.S. Drug-Induced Liver Injury Network, Victor J. Navarro *et al.*, Hepatology Vol 60(4)1399-1408, 2014
◆19　Manuka Honey：http://archive.mpi.govt.nz/food/food-safety/manuka-honey
◆20　Manuka honey, 29 Oct 2014 consumer.org.nz（ニュージーランドの商品検査）：https://www.consumer.org.nz/articles/manuka-honey
◆21　Aristolochic acid-associated urothelial cancer in Taiwan, Chung-Hsin Chen *et al.* Proc Natl Acad Sci U S A. 2012 May 22; 109(21):8241-8246
◆22　Common Herbal Supplement Linked to Cancer, 8 August 2013：

gov. uk/20141205150130/http: //www. mhra. gov. uk/NewsCentre/Press releases/CON143514
◆11　Paterson's Curse/Salvation Jane（エキウム）ハチミツファクトシート（Last updated October 2011）：https://ods.od.nih.gov/factsheets/MVMS-HealthProfessional/http: //www. foodstandards. gov. au/consumer/c
◆12　シンフィツム（いわゆるコンフリー）及びこれを含む食品の食品健康影響評価について，食品安全委員会：http: //www. fsc. go. jp/hyouka/hy/hy-symphytum-hyouka.pdf
◆13　シンフィツム（いわゆるコンフリー）及びこれを含む食品の取扱いについて，厚生労働省：http://www.mhlw.go.jp/topics/2004/06/tp0614-2.html
◆14　Scientific Opinion on Pyrrolizidine alkaloids in food and feed, EFSA Journal 2011;9(11):2406[134 pp.].：http://www.efsa.europa.eu/en/efsajournal/pub/2406.htm

第3章

◆1　Food-Medicine Interface Guidance Tool（FMIGT）- plain version：http: //www. tga. gov. au/food-medicine-interface-guidance-tool-fmigt-plain-version
◆2　Pan Pharmaceuticals Limited: Regulatory action & product recall information, 28 April 2003：https://www.tga.gov.au/product-recall/pan-pharmaceuticals-limited-regulatory-action-product-recall-information
◆3　Therapeutic Goods Regulation: Complementary Medicines, Tuesday 30th August 2011, Department of Health and Ageing：http://www.anao. gov. au/Publications/Audit-Reports/2011-2012/Therapeutic-Goods-Regulation-Complementary-Medicines
◆4　The regulation of natural health products（NHPs）in Canada: myths and facts：http: //www. hc-sc. gc. ca/dhp-mps/prodnatur/about-apropos/nhp-myth-psn-eng.php
◆5　'Nosodes' are no substitute for vaccines, May 11 2015：http://www.cps.ca/en/documents/position/nosodes-are-no-substitute-for-vaccines
◆6　Directive 2002/46/EC：http://ec. europa. eu/food/food/labelling nutrition/supplements/index_en.htm
◆7　Herbal medicines granted a traditional herbal registration：https://www. gov. uk/government/publications/herbal-medicines-granted-a-traditional-herbal-registration-thr / herbal-medicines-granted-a-traditional-her

参考文献（URLについては2015年11月6日時点のもの）

第1章
◆1　医薬品医療機器総合機構：http://www.pmda.go.jp
◆2　市民のための薬と病気のお話，日本臨床薬理学会：https://www.jscpt.jp/ippan/story.html
◆3　Questions hang over red-wine chemical 02 February 2012：http://www.nature.com/news/questions-hang-over-red-wine-chemical-1.9970
◆4　HypeWatch: Resveratrol Study Not a Shocker, May 13, 2014 By Crystal Phend：http://www.medpagetoday.com/Cardiology/Prevention/45762

第2章
◆1　食品安全委員会：https://www.fsc.go.jp/
◆2　厚生労働省 HACCP（ハサップ）：http://www.mhlw.go.jp/stf/seisakunitsuite/bunya/kenkou_iryou/shokuhin/haccp/index.html
◆3　スギヒラタケは食べないで！　農林水産省：http://www.maff.go.jp/j/syouan/nouan/rinsanbutsu/sugihira_take.html
◆4　Why eating star fruit is prohibited for patients with chronic kidney disease?, Eduarda Savino Moreira de Oliveira and Aline Silva de Aguiar, J Bras Nefrol 2015;37(2):241-247
◆5　アマメシバの安全性問題，独立行政法人 国立健康・栄養研究所：https://hfnet.nih.go.jp/usr/annzenn/amameshiba040619.pdf
◆6　平成16年（ワ）第3089号損害賠償請求事件：http://www.courts.go.jp/app/files/hanrei_jp/964/035964_hanrei.pdf
◆7　サウロパス・アンドロジナス（別名アマメシバ）を含む粉末剤，錠剤等の剤型の加工食品の販売禁止のQ＆A，厚生労働省：http://www.mhlw.go.jp/topics/bukyoku/iyaku/syoku-anzen/hokenkinou/6c.html
◆8　Toxicity prediction of compounds from turmeric (Curcuma longa L), S. Balaji, B. Chempakam. Food and Chemical Toxicology 48 (2010) 2951-2959
◆9　Transient Hypothyroidism or Persistent Hyperthyrotropinemia in Neonates Born to Mothers with Excessive Iodine Intake, Soroku Nishiyama *et al*., Thyroid. 2004 Dec;14(12):1077-83
◆10　Press release: Unlicensed herbal remedy could cause liver and organ damage 01 February 2012：http://webarchive.nationalarchives.

マ

ヤ

ラ

サ

タ

ナ

ハ

索引

数字・アルファベット

ア

カ

畝山智香子（うねやま・ちかこ）
国立医薬品食品衛生研究所安全情報部第三室長。
宮城県生まれ。東北大学大学院薬学研究科博士課程前期課程を修了。専門は薬理学、生化学。薬学博士。第1種放射線取扱主任者。著書に、『ほんとうの「食の安全」を考える』（化学同人）、『「安全な食べもの」ってなんだろう？』（日本評論社）などがある。「食品安全情報blog」（http://d.hatena.ne.jp/uneyama/）をとおして、世界各地からの食品や健康などについての情報を発信している。

「健康《けんこう》食品《しょくひん》」のことがよくわかる本《ほん》

発行日　2016年1月15日　第1版第1刷発行

著　者　畝山智香子
発行者　串崎　浩
発行所　株式会社 日本評論社
170-8474　東京都豊島区南大塚3-12-4
電話　03-3987-8621（販売）　03-3987-8599（編集）
印　刷　精文堂印刷
製　本　井上製本所
装　幀　妹尾浩也

ISBN978-4-535-58680-2